AUTOBIOGRAFIA DE UM POLVO

VINCIANE DESPRET

AUTO-BIO-GRAFIA DE UM POLVO

e outras narrativas de antecipação

TRADUÇÃO MILENA P. DUCHIADE

SUMÁRIO

Para Sarah, Jules-Vincent, Samuel,
Cindy e para nossos pequenos e pequenas.
E a todos os Ulisses e Camille,
os já entre nós e os que virão.

ADVERTÊNCIA

Autobiografia de um polvo *é um livro bastante único em sua combinação de filosofia, ciência e literatura de ficção científica. Inspirado na ciência ficcional da therolinguística, criada por Ursula K. Le Guin, cada um de seus capítulos traz estudos sobre a comunicação e a poética de diferentes animais. Como os títulos indicam, o primeiro capítulo trata de aranhas, o segundo, de vombates e o terceiro, de polvos. Em primeiro lugar, é importante ter em mente que, ainda que Vinciane Despret seja a autora de* Autobiografia de um polvo, *cada pesquisa possui uma autora ficcional diferente. Além disso, vale notar que o livro está situado em um futuro no qual a therolinguística já é um campo de pesquisa consolidado e composto de diversas vertentes. Por isso, as personagens que conduzem ou narram os estudos por vezes fazem referência a acontecimentos que (ainda) não ocorreram, como transformações de biomas em decorrência do aquecimento global ou o fim do capitalismo. Igualmente, a obra mistura referências a autoras e autores clássicos e atuais com menções a pesquisadores e artistas completamente ficcionais, traçando conexões entre todos eles. As referências ao fim desta edição permitem verificar a existência dos materiais citados. (N.R.T.)*

GLOSSÁRIO

GEOLINGUÍSTICA (s.f.): a geolinguística é um ramo tardio da linguística. Emergiu no momento em que os linguistas perceberam que os humanos não eram os únicos a terem criado línguas dotadas de estruturas originais, que evoluem ao longo do tempo e que permitem a comunicação entre falantes de reinos diversos. A geolinguística estuda as línguas de comunidades vivas, e às vezes até de comunidades não vivas – embora as recentes descobertas em defesa da existência de linguagens entre os não viventes continuem a ser objeto de controvérsias. A geolinguística originará posteriormente a therolinguística, especializada no estudo das formas literárias entre plantas e animais.

THEROLINGUÍSTICA (s.f.): termo derivado do grego *thèr* (θήρ), "animal selvagem, fera". Designa o ramo da linguística voltado ao estudo e à tradução das produções escritas por animais (e posteriormente pelas plantas), seja sob a forma literária do romance, da poesia, da epopeia, do panfleto ou ainda dos arquivos. Com a exploração por essa ciência do mundo dito selvagem, identificamos aos poucos outras formas expressivas, que transbordam as categorias literárias humanas (e remetem então a outro campo de especialização, ligado às ciências cosmofônicas e paralinguísticas). Encontramos o primeiro registro do termo "therolinguística" num texto de antecipação[1] de Ursula K. Le Guin: "A autora das sementes de acácia e outras passagens da *Revista da Associação de Therolinguística*".[2]

THEROARQUITETURA (s.f.): literalmente, "arquitetura do (reino) selvagem". Ao fim do século XX, uma área precursora da theroarquitetura desenvolveu-se de modo vigoroso, notadamente sob o impulso do especialista em abelhas Karl von Frisch;[3] ao longo do século XXI, foram realizadas numerosas pesquisas dedicadas às construções do reino animal. A palavra *theroarquitetura*, no entanto, surge tardiamente. Designa não somente o estudo dos *habitats*, mas também o das distintas infraestruturas criadas pelos animais (caminhos, galerias subterrâneas, elementos de signalética, monumentos, rotas de migração etc.); volta-se especialmente para as dimensões artísticas, simbólicas e expressivas desses artefatos.

1 "Antecipação" é um termo empregado no mercado literário francófono para se referir de maneira geral a narrativas ambientadas no futuro, próximo ou distante. É um gênero próximo à ficção científica, mas nem sempre eles são correspondentes. (N.R.T.)

2 Foram encontradas três traduções do texto "The Author of the Acacia Seeds. And Other Extracts from the *Journal of the Association of Therolinguistics*" de Ursula K. Le Guin em português, e cada uma delas adota uma grafia diferente para o termo *therolinguistics* e seus derivados. Optamos pela grafia mais próxima do grego e do francês, escolhida também por Gabriel Cevallos, com revisão de Fernando Silva e Silva, 2021 (cf. referências desta edição). (N.T.)

3 Karl Ritter von Frisch (1886-1982) foi um etólogo teuto-austríaco laureado com o prêmio Nobel em Fisiologia ou Medicina ao lado de seus colegas Nikolaas Tinbergen e Konrad Lorenz, igualmente dedicados aos estudos de animais. O trabalho de Frisch concentrou-se principalmente na percepção da abelha. (N.R.T.)

CAPÍTULO 1

A INVESTIGAÇÃO DOS *TINNITUS* OU AS CANTORAS SILENCIOSAS

Mas que linguagem falam as coisas do mundo, para que possamos nos entender com elas por contrato? [...] É certo que desconhecemos a língua do mundo ou apenas conhecemos dela as diversas versões animista, religiosa ou matemática.[1]

MICHEL SERRES

Estou então em busca de histórias que são também fabulações especulativas e especulações realistas.[2]

DONNA HARAWAY

1 M. Serres, *Le Contrat naturel.*, col. "Champs", 1990. [Ed. bras.: *O contrato natural*, [S.l.] Instituto Piaget, 1994.] (N.A.)

2 D. J. Haraway, *Vivre avec le trouble.* Tradução de Vivien García, 2020. (N.A.)

OBSERVAÇÃO INICIAL DA AUTORA DESTE RELATÓRIO

A investigação dos *tinnitus*[3] representou um momento crucial para a história dos estudos voltados às artes expressivas nos mundos animal e vegetal. Trata-se de uma investigação longa e difícil, porém, tanto o enigma que a suscitou quanto sua conclusão modificaram radicalmente o campo do saber e descortinaram novos métodos de pesquisa. A associação histórica de therolinguística havia se encarregado até então da tradução e da análise das literaturas selvagens. No entanto, a partir de um dado momento, constatou-se que seus métodos, bem como as maneiras pelas quais ela definia seu campo de pesquisa, por mais fecundas que tivessem sido do ponto de vista heurístico, excluíam da prática literária um grande número de espécies, a respeito das quais era possível suspeitar que tivessem elaborado formas romanescas, poéticas, líricas ou panfletárias particularmente sofisticadas. Esse questionamento mostrou-se decisivo para o sucesso da investigação sobre

3 Em medicina, zumbido ou *tinnitus* no ouvido; percepção geralmente equivocada de sensação sonora, de origem auditiva ou vascular. Sensação auditiva anormal que não é gerada por um som exterior. (N.T.)

os *tinnitus*. Decidimos assim reconstituir a história com a ajuda dos documentos que foram encontrados. No entanto, retomamos nesse conjunto de materiais muito abundantes somente os documentos arquivados que nos pareceram essenciais para sua compreensão.

ARQUIVO NO 324 (FUNDO DA ASSOCIAÇÃO CIÊNCIAS COSMOFÔNICAS E PARALINGUÍSTICAS)
EXTRATO DA ATA DA REUNIÃO DE CRIAÇÃO DE UMA NOVA ASSOCIAÇÃO DISTINTA E INDEPENDENTE DA ASSOCIAÇÃO DE THEROLINGUÍSTICA

OS INTEGRANTES DO COMITÊ CIENTÍFICO fizeram questão inicialmente de saudar de modo unânime os imensos progressos alcançados até esta data pela associação de therolinguistas. Foram destacados em especial os progressos permitidos pela descoberta de fragmentos de mensagens de formigas encontrados, sob a forma de traços de exsudação de glândulas, sobre sementes de acácias cuidadosamente ordenadas.[4] A aposta de que se tratava de uma mensagem explícita e deliberada deixada por uma formiga anônima era arriscada, mas provou-se correta. Sem dúvida, a análise dos fragmentos e, sobretudo, sua tradução motivaram inúmeras controvérsias entre os therolinguistas – como as formigas desconhecem o uso da primeira e da segunda pessoa na formulação dos verbos, era difícil traduzir com exatidão enunciados como "coma os ovos!". Era igualmente complicado compreender o grito "Levante a Rainha!" num mundo onde "para cima" repre-

4 Nota da autora do presente relatório (doravante indicada como N.A.R.): é realmente uma lástima constatar que foram conservados apenas a ata dessa reunião e somente alguns dos números do *Journal of the Association of Therolinguistics* referidos naquele documento. Pode-se consultar o que restou dessas fontes históricas em U. K. Le Guin, "The Author of the Acacia Seeds and Other Extracts from the *Journal of the Association of Therolinguistics*" in *The Compass Rose: Stories*, [1974] 2005. [Ed. bras. em referências nesta edição].

senta justamente o perigo, o que deve ser evitado – não seria justamente o caso de considerá-lo, de modo não etnocêntrico, como a expressão de uma revolta: "Abaixo a Rainha!"? A ideia, inimaginável até então, de uma possível poesia panfletária entre as formigas constituiu um passo decisivo e abriu o campo da theroliteratura para uma grande variedade de formas expressivas até então negligenciadas. Do mesmo modo, também temos de parabenizar nossos colegas pelo brilhante estudo sobre a escrita cinética coral dos pinguins-de-adélia.[5]

Não vamos aqui contabilizar todos os sucessos, dentre os quais o mais belo terá sido incontestavelmente reconhecer nas aranhas a real maternidade do método das ciências históricas por excelência, a invenção do arquivo; reparando assim uma injustiça antiga. Pois as aranhas foram de fato as que estiveram na origem dessa invenção magnífica. Foi uma enorme descoberta *na* e *para* a história. As aranhas foram as primeiras a desenvolver uma tecnologia de conservação dos acontecimentos, pois as teias, antes mesmo de serem armadilhas, questões de arquitetura ou de território, são a memória material e externalizada de comportamentos, de técnicas e de estilo[6] – *cartografias sedosas de memórias em permanente evolução*. Não se pode qualificar melhor o arquivo sem conceder (finalmente) o crédito da origem dessa ciência preciosa às aranhas. E, graças a esse reconhecimento, essas teias puderam enfim integrar a lista do Patrimônio Mundial da Unesco.

Porém, a exortação lançada pelo nosso saudoso presidente em seu último editorial não foi atendida, nem mesmo ouvida. Pois

5 *Pygoscelis adeliae*: nome científico dos pinguins-de-adélia, aves sphenisciformes que vivem na Antártida e uma das únicas espécies que nidificam nesse continente. (N.T.)

6 Como William Eberhard já havia intuído: "*An orb web is an exquisitely perfect material record of the spider's behavior*" [Uma teia de aranha é um registro material deliciosamente perfeito do comportamento da aranha]. Cf. W. Eberhard, "Art Show", in Grima, J.; Pezzato, G. (org.), 2014. (N.A.R.)

ele já nos havia alertado que essas pesquisas a respeito das formas linguísticas animais (poéticas, líricas ou mesmo científicas), por mais interessantes que tenham sido, permanecem limitadas por um viés terrível: sempre privilegiaram o cinético. E o *privilégio do cinético*, da expressão em movimento, é o privilégio do *visível*. De fato, o desafio desse privilégio remete à existência de rastros e da possibilidade de sua conservação (particularmente por meio da fotografia e do vídeo), mas levou os geolinguistas a negligenciarem uma parte inestimável do universo comunicacional dos animais (sem contar o das plantas: tentem só, por esse método, captar "os cantos delicados e transitórios dos liquens").[7] Recordemos a exortação do presidente: "Fizemos outrora o louvável e necessário esforço, renunciando ao privilégio do audível, que contaminava as pesquisas linguísticas e confinava os animais ao campo estreito das literaturas orais. É preciso agora ampliar nossa área de investigações e buscar identificar obras não visíveis."

Sem dúvida, a responsabilidade que temos perante a verdade histórica nos obriga a reconhecer que esse "louvável e necessário esforço de renunciar ao privilégio do audível" ressaltado pelo presidente não foi de modo algum tão voluntário nem tão pacífico como poderia fazer supor o termo "esforço", pois decorreu daí a saída dos ornitolinguistas de nossa associação.[8] Mas não é necessário voltar a se debruçar sobre esse triste episódio, melhor nos concentrarmos no conteúdo realmente revolucionário da proposta do presidente: era imperativo romper com o privilégio do visível, que limitava consideravelmente o futuro das pesqui-

7 A íntegra do texto original do discurso presidencial, na qual está referida "a lírica do líquen", encontra-se em Ursula K. Le Guin, *"A autora das sementes de acácias e outros extratos da Revista da Associação de Therolinguística"*. (N.A.R.)
8 Mais detalhes a respeito desse caso podem ser encontrados no discurso pronunciado, alguns anos mais tarde, pela presidente da Associação de Theroarquitetura (ver o relatório seguinte sobre a cosmologia fecal dos vombates). (N.A.R.)

sas. Cabia, a partir de então, aos therolinguistas a missão de dedicar-se à descoberta e à tradução de marcas *não audíveis* e *não visíveis*. O presidente estava convicto: essas marcas deveriam existir e *tinham um sentido*. E esse sentido só poderia ser revelado pela análise de efeitos cuja amplitude, ainda naquela época, sequer poderia ser imaginada.

O presidente não foi ouvido. Os therolinguistas não se mostraram à altura dessa imensa tarefa de renovação dos métodos, e essa ciência demonstrou seus limites, para não dizer sua obsolescência. Ficou então decidido [...]

> [As folhas seguintes foram extraviadas. Mas podemos deduzir, tendo em vista o que aconteceu em seguida, que naquele momento tomou-se a decisão de criar uma nova associação: Ciências Cosmofônicas e Paralinguísticas. A Associação de Therolinguística continuou a desenvolver as próprias pesquisas (e mudou de nome, passando a se designar "therolinguística clássica" para se diferenciar), mas não desejou colaborar com a investigação que constitui o objeto do presente relatório.]

ARQUIVO NO 451 (FUNDO DA ASSOCIAÇÃO CIÊNCIAS COSMOFÔNICAS E PARALINGUÍSTICAS)
TRECHO DE CARTA DA SRA. FREDERIC LYMAN WELLS AO DR. A. BISHOP, PSIQUIATRA E PROFESSOR NA HARVARD MEDICAL SCHOOL, DATADA DE 15 DE FEVEREIRO DE 1936

CARO DOUTOR, EM RESPOSTA à sua solicitação, envio-lhe notícias de meu esposo, por sinal seu colega, Frederic Lyman Wells.[9] Para falar a verdade, não são excelentes notícias, e seu estado tem

9 F. L. Wells (1884-1964) foi um pesquisador e psiquiatra ligado às universidades de Columbia e Harvard. (N.R.T.)

piorado ainda mais. Ele fez questão de retomar as pesquisas que havia iniciado no verão passado, apesar de suas enfáticas advertências. O senhor havia então levantado a hipótese de que o emprego demasiadamente frequente do diapasão[10] poderia ser responsável pelos *tinnitus* que o acometem desde então. Ele não somente contesta sua hipótese a respeito da origem dos *tinnitus*, mas insiste que *não se trata de tinnitus*.[11] Ele costuma sair todos os dias de madrugada e vai até os campos de Hopkinton, distantes cerca de 40 km de nossa casa, onde permanece durante todo o dia. Quase não frequenta mais o laboratório de psicologia nem a clínica, onde deveria prosseguir com as suas pesquisas sobre os testes. Fui encontrá-lo algumas vezes para implorar que voltasse para casa. Estava manipulando o instrumento e anotava de modo febril cada reação das aranhas às vibrações. Afirma que agora é seu coreógrafo experimental e que cada uma das vibrações provocadas por ele, seja colocando o diapasão diretamente sobre um dos fios da teia, seja sobre um dos pontos de apoio dela, seja inclusive sobre o próprio corpo da aranha, desencadeia os movimentos mais elegantes, os quais ele busca antecipar. As aranhas dançam sobre sons silenciosos, diz ele. Mas minha maior preocupação envolve os *tinnitus*, que acredito terem se agravado consideravelmente, embora ele insista em negar. Meu marido passou a defender agora que as aranhas submetidas a essas vibrações enviam mensagens que ele pode ouvir. Elas estariam lhe respon-

10 Objeto metálico em forma de "U" que, em vibração, emite um som capaz de auxiliar músicos na afinação de instrumentos. Na medicina, é usado para medir níveis de audição. (N.E.)

11 Para coletar esses arquivos, nos baseamos no relatório de pesquisa redigido por Tamara Cesnosceo (ver o arquivo nº 568 a seguir); ela própria havia iniciado essa pesquisa quando a associação foi alertada sobre a recorrência preocupante de *tinnitus* entre os aracnólogos e havia relacionado esses sintomas ao emprego do diapasão e de outros aparelhos capazes de produzir vibrações. (N.A.R.)

dendo! Como o senhor me aconselhou, consultei as cadernetas de anotações dele e encontrei coisas tão estranhas que me fazem temer o pior: na data de 21 de dezembro, "Atenç(s)ão, cuidado com os direitos dos invertebrados!"(*);[12] na data de 3 de janeiro, "Tome cuidado com a revanche geológica quando você falar sem pedir licença!"(*). Quando o interroguei a respeito, afirmou que se trata de oráculos – ou, mais exatamente, de advertências oraculares. Na última segunda-feira, depois de ter recebido a pretensa "mensagem" "Pergunte para aqueles que dispõem de sentidos melhores qual é a direção"(*), saiu de casa apressado, num estado de agitação extrema. Não o vi durante dois dias. Estou muito preocupada, como pode imaginar.
Estimado Doutor, receba minhas saudações etc.

ARQUIVO Nº 452 (FUNDO DA ASSOCIAÇÃO CIÊNCIAS COSMOFÔNICAS E PARALINGUÍSTICAS) TRECHO DA RESPOSTA DO DR. A. BISHOP À CORRESPONDÊNCIA DA SRA. WELLS, DATADA DE 27 DE FEVEREIRO DE 1936[13]

PREZADA SRA. WELLS,

Antes de mais nada, queira me desculpar pela demora em responder a sua carta de 15 de fevereiro, mas fiz questão de rever seu marido antes de lhe escrever. Tivemos uma longa

12 Na elaboração desse relatório, acrescentamos o sinal (*) para indicar aquilo que julgamos ser uma referência explícita e dificilmente fortuita ao jogo de tarô "Arachnomancy". Para o jogo completo, consultar www.studiotomassaraceno.org/arachnomancy-cards/. (N.A.R.)

13 Conseguimos, além disso, localizar a biografia extremamente instrutiva de F. L. Wells apresentada no artigo de Laurence F. Shaffer, "Frederic Lyman Wells, 1884-1964", in *The American Journal of Psychology*, v. 77, n. 4, dezembro 1964, p. 679-682. A autora não se refere aos episódios dos *tinnitus*, mas o artigo nos permite constatar as coincidências perturbadoras notadas corretamente pelo dr. Bishop. (N.A.R.)

conversa, e ele me assegurou não ter mais nenhuma queixa nem preocupação que quisesse compartilhar. Comentei a respeito de suas inquietações envolvendo as vozes que ele acreditava ouvir e perguntei se não poderiam ser a consequência dos sintomas apresentados anteriormente. Para minha surpresa, respondeu que sim, mas que não se tratava de sintomas. Lembrei-lhe de uma frase que ele se comprazia em repetir, segundo a qual "ouvimos na realidade aquilo que esperamos ouvir". De fato, assentiu, mas isso só vale no caso de uma linguagem articulada como a dos humanos – esse era aliás o objeto da tese que o conduziu, em 1906, ao estudo dos lapsos linguísticos e que o levou a explorar o problema da percepção equivocada dos sons. Mas não seria então esse o caso, outra vez? – cheguei a sugerir. Salvo que as percepções errôneas ocorrem a partir dos sons e são interpretadas enquanto palavras, o que não acontece aqui – foi a sua resposta. E não se trata de sons reais, mas de sensações de vibrações dirigidas e intencionais, e não são verdadeiramente palavras, mas, e cito textualmente, "influxos de significações". Essas vibrações não seriam então, perguntei, semelhantes àquelas que foram estudadas em seu laboratório, especificamente as respostas elétricas do corpo humano (em especial sob a forma de resposta eletrodérmica) em reação às alterações emocionais? Nesse caso, seus tímpanos seriam o *locus* de condução das ondas elétricas, em vez de sua pele? Se ele julgava aceitável a hipótese das ondas elétricas, essas últimas não teriam, porém, segundo ele, nenhuma origem endógena, mas seriam geradas pelas próprias aranhas. Ele prosseguia, aliás, suas pesquisas nessa direção, modificando as frequências do diapasão de modo a incitar as aranhas a propor outros tipos de respostas a esses estímulos.

Confesso que é muito difícil para mim sugerir que ele se submeta a uma bateria de testes. Ele não só é um dos maiores especialistas nessa área, mas, paradoxalmente, sua confiança em seus colegas me parece bem relativa, pois ele declarou, em um artigo publicado há menos de um ano, "que não devemos contemplar a obra de Rorschach, nem mesmo a de Binet, como um ato de fé tal como é revelada aos santos".

Aconselhei-o, todavia, a abandonar as pesquisas com as aranhas, pois estas poderiam prejudicar não só sua saúde, mas também sua carreira, ao mantê-lo por tempo demais afastado de seus cursos e de sua prática clínica. Nem pense nisso – ele protestou. Estou prestes a descobrir que as aranhas *Argiope aurantia* apresentam reações muito distintas, não apenas segundo a época do ano (sua agressividade é reduzida depois da primavera) e seu grau de maturação, mas entre um e outro indivíduo. Possuem personalidades diferentes. Uma delas, adulta, é por exemplo notável pela sua capacidade em deixar-se cair ao solo quando me aproximo (o que torna as experiências com o diapasão especialmente difíceis com ela). E algo ainda mais espantoso, quando a comparo com outros espécimes que apresentam o mesmo grau de maturidade, observo que ela adota um comportamento completamente diverso ao reagir quando encosto em seu dorso com o diapasão, sem sequer tocar a teia. Em vez de atacar, como faria uma *aurantia* de sua idade, estendendo o seu primeiro par de patas para agarrar aquilo que a agrediu, ela adota o comportamento típico das aranhas imaturas: atravessa pelo centro da teia e passa para o lado oposto, na mesma posição central – o que chamamos de "movimento de vaivém". Uma das aranhas congêneres, ao ser tocada pelo diapasão no ventre, realizou o movimento de vaivém em sentido oposto, de modo a se aproximar do instrumento. Outra ainda apresenta essa mesma reação, bastando para isso que eu me aproxime.[14]

14 Conseguimos localizar algumas das publicações de F.L. Wells a respeito das aranhas. Um primeiro artigo apresenta os resultados das pesquisas iniciais (entre 7 de julho e 11 de setembro de 1935). Esse estudo envolvia 154 aranhas de sete espécies distintas. No entanto, não encontramos nenhuma menção ou

Não pude anotar, minha cara senhora, todas as observações pelas quais ele me transmitia seu entusiasmo, mas creio que esses breves exemplos demonstrem como deverá ser difícil convencê-lo a desistir de suas investigações. Posso apenas desejar que a senhora se arme de paciência e confie no fato de que seu marido deixou de se queixar. Os cientistas são muitas vezes excêntricos, sobretudo quando apaixonados pelo que fazem. Na minha posição de clínico, só posso encorajá-la a acompanhar seu marido em suas saídas a campo, caso esses momentos de lazer sejam compatíveis com seus próprios afazeres. Sugiro que não dê muita atenção aos discursos dele, mesmo se estranhos. A indiferença muitas vezes é o melhor remédio para as manifestações da extravagância.
Queira receber, prezada Senhora etc.

[Queremos registrar que F. L. Wells publicou, paralelamente ao artigo relatando as observações referidas na conversação com o dr. Bishop ("'Shuttling' [Vaivém] in *Argiope aurantia*"), em julho desse mesmo ano, outro artigo, "Psychometric Practice in Adults of Superior Intelligence" [Prática psicométrica em adultos de inteligência superior],[15] o que parece indicar que não abandonou suas pesquisas em psicologia humana. No entanto, descobrimos no relatório anual da comissão de Saúde Mental de Massachusetts para o ano encerrado em novembro de 1938, que Wells pediu demissão do cargo de diretor do departamento de psicologia, para se dedicar às suas

referência aos sintomas descritos na carta acima: "Orbweavers' Differential Responses to a Tuning-Fork" [Respostas diferenciadas de aranhas do tipo *orbweavers – Aranea* e *Argiope* - ao diapasão], *Psyche*, v. 43, n. 1, 1936, p. 10-11, dx.doi.org/10.1155/1936/49286. Novas observações foram registradas em outro artigo de Wells, publicado em 1938, "'Shuttling'[Vaivém] in *Argiope aurantia*", *Psyche*, v. 45, 1938. (N.A.R.)
15 *American Journal of Orthopsychiatry*, v. 6, 1936, p. 362-375. (N.A.R.)

pesquisas na Universidade de Harvard (?). Não sabemos ao certo o que podemos concluir desse fato. Wells parece não ter despertado maiores preocupações em seus colegas (não encontramos qualquer referência aos *tinnitus* ou às vozes) e provavelmente desenvolveu uma longa carreira. Ao se aposentar, passou a se dedicar integralmente ao estudo das aranhas e faleceu em 1964, com oitenta anos.]

ARQUIVO Nº 468 (FUNDO DA ASSOCIAÇÃO CIÊNCIAS COSMOFÔNICAS E PARALINGUÍSTICAS) COMUNICAÇÃO CIENTÍFICA DE TAMARA CESNOSCEO, DOUTORA EM BIOTREMOLOGIA,[16] DIRIGIDA AOS MEMBROS DA ASSOCIAÇÃO

APÓS TER LIDO O RELATÓRIO DE F. L. WELLS e numerosos outros casos similares, logramos identificar um volume suficiente de antecedentes que confirmariam a hipótese de uma correlação entre as pesquisas sobre as aranhas por meio do diapasão e o surgimento de *tinnitus* nos sujeitos expostos. No entanto, nem todos parecem apresentar o quadro clínico completo de F. L. Wells, mas não devemos desprezar a possibilidade de que muitos dos envolvidos tenham preferido omitir algumas das particularidades associadas às modificações experimentadas. Assim, se podemos supor uma relação estatística altamente provável entre as pesquisas com o emprego de diapasão e aquilo que foi chamado, por falta de designação melhor, de "*tinnitus*", essa relação permanece sem validade estatística no que concerne à variável "mensagens" – nem todos os aracnólogos que sofrem de *tinnitus* apresentam essa forma (aparentemente) alucinatória especial.

16 A tremologia é a ciência dos "tremores" e, por extensão, a ciência das vibrações. (N.A.R.)

De acordo com nossas pesquisas, o primeiro caso teria sido registrado em 1880. Trata-se de um pesquisador do laboratório de física de South Kensington, Charles Vernon Boys, de quem localizamos uma publicação na *Nature*.[17] O artigo, evidentemente, não se refere aos *tinnitus*. Mas conseguimos recuperar trechos de depoimentos de antigos alunos de C. V. Boys segundo os quais, a partir de certa época, ele teria começado a apresentar alguns comportamentos estranhos. Ainda segundo algumas dessas testemunhas, teria sofrido de distúrbios auditivos, acreditando às vezes estar sendo chamado enquanto dava aula, o que não era verdade. É preciso observar também que nossa investigação nos levou a descobrir que o romancista H. G. Wells[18] se refere a C. V. Boys em seu romance *The World of William Clissold* [O mundo de William Clissold], publicado em 1926. Até onde temos conhecimento, não existe nenhum parentesco entre o célebre escritor e o psicólogo Frederic Lyman Wells, aracnólogo amador, também atingido por *tinnitus*. No que se refere a Boys, por outro lado, podemos afirmar com certeza que se trata do mesmo C. V. Boys, já que o autor do romance situa esse episódio no mesmo laboratório de física de Kensington (o que seria uma coincidência muito improvável). Professor medíocre e muito enfadonho, Boys teria sido, de acordo com Wells, o pesquisador mais brilhante que tivera oportunidade de conhecer. Wells não se alonga a respeito, tampouco menciona os estudos sobre as aranhas ou eventuais comportamentos estranhos.

17 "The Influence of a Tuning-Fork on the Garden Spider", *Nature*, n. 23, 1880, p. 149-150. (N.A.R.)
18 Herbert George Wells (1866-1946), nascido na Inglaterra, é um dos mais célebres autores do início da ficção científica popular, tendo escrito obras como *A máquina do tempo*, *A ilha do doutor Moreau* e *A guerra dos mundos*. (N.R.T.)

Contudo, parece que esse romance teria sido expurgado em sua versão final. De acordo com o diário de um dos sobrinhos do romancista, uma versão preliminar (hoje infelizmente extraviada) teria dedicado um espaço bem maior ao personagem. Wells teria descrito inúmeras bizarrices, como o fato de que Boys pretendia estar sendo guiado em suas pesquisas por aquilo que ele designava, segundo seu estado ou não de vigília, de "devaneios enteiados" ou ainda de "sonhos aracnocósmicos", particularmente, por um lado, para a invenção de um radiomicrômetro capaz de detectar a luz de uma vela a um quilômetro e meio de distância e, por outro, para as suas pesquisas sobre bolhas de sabão.

Apesar de nada garantir a autenticidade desse famoso rascunho do romance, podemos, de todo modo, afirmar que o verdadeiro C. V. Boys foi de fato o inventor do radiomicrômetro e que escreveu *Soap Bubbles: Their Colours and the Forces Which Mould Them* [Bolhas de sabão: suas cores e as forças que as moldam], livro recebido com um relativo sucesso no início dos anos 1890. Também acreditamos, embora não tenhamos condições de comprová-lo, que esses dois temas de pesquisa estejam intimamente ligados às aranhas. Inclusive intuímos que elas inspiraram essas pesquisas.[19]

Mais ainda, nas anotações de aula de um de seus estudantes, encontramos a transcrição dessa afirmação de Boys: "Acreditei durante muito tempo, e inclusive escrevi, após ter observado em diversas ocasiões as aranhas precipitarem-se sobre meu diapasão ou sobre o ponto da teia que este último havia tocado ao vibrar,

19 Tamara Cesnosceo publicará posteriormente um artigo em que analisa, de um lado, como a intuição da detecção de energia à distância, operada pelo radiomicrômetro, pode ter sido inspirada pela ideia de condutividade vibratória da teia e, por outro lado, a ideia que levou Boys a encarar as bolhas como espaços de relações e de conduções de forças invisíveis – e não, como fará o biólogo Jakob von Uekül, enquanto mundos fechados sobre si mesmos. (N.A.R.)

que elas se comportavam como se não tivessem aprendido que 'existem mais coisas que zunem além de seu alimento natural'. Estava enganado. Elas sabem muito bem. Somos nós que não aprendemos a responder à resposta delas."

Após verificação, essa frase ("as aranhas não teriam aprendido...") consta realmente no artigo de Boys sobre as aranhas publicado na *Nature* em 1880, o que parece confirmar a confiabilidade desse relato.

Concluindo: é preciso deixar claro, antes de mais nada, que esses casos, bastante raros no início das pesquisas com o diapasão, multiplicaram-se ao longo dos últimos anos, sem que haja um motivo aparente que justifique essa epidemia no seio dos aracnólogos.

O fato de que um número cada vez maior de pesquisadores e pesquisadoras que trabalham com aranhas e empregam esse tipo de instrumento tenha apresentado sintomas do tipo "*tinnitus*" não deve, no entanto, nos levar à conclusão rápida que costuma ser apresentada: a de que o próprio diapasão seria o responsável. Por um lado, parece que o emprego de outros instrumentos (por exemplo, o uso de uma escova de dentes elétrica em 2013) teria provocado consequências similares. Pensamos, assim, ser possível aventar a hipótese de que as próprias aranhas estejam na origem dessas experiências sensoriais, sofridas por aqueles que foram suas vítimas. Porém, por outro lado, se no estágio atual de nossos conhecimentos não podemos afirmar que as aranhas tentam deliberadamente nos dizer algo, podemos pensar, sem hesitar, que existe algo que merece ser ouvido. Portanto, incentivamos enfaticamente o prosseguimento dessas pesquisas pela associação.

ARQUIVO Nº 689 (FUNDO DA ASSOCIAÇÃO CIÊNCIAS COSMOFÔNICAS E PARALINGUÍSTICAS) E-MAIL DE E. B. TROVATO, DOUTOR EM GEOPSICOLOGIA, ENDEREÇADO A DRA. TAMARA CESNOSCEO E AO PRESIDENTE DA ASSOCIAÇÃO CIÊNCIAS COSMOFÔNICAS E PARALINGUÍSTICAS TRÊS DOCUMENTOS ANEXOS (NÃO DISPONÍVEIS) ASSUNTO: NÃO SE TRATA DE *TINNITUS*

PREZADA COLEGA, SENHOR PRESIDENTE,
Esta mensagem visa a alertá-los que em breve vamos submeter para aprovação da revista *Geopsychopathology* um curto artigo apresentando nossos primeiros resultados, fruto da pesquisa que iniciamos graças à bolsa oferecida generosamente por vossa associação. Seguem abaixo os elementos essenciais.

Até esta data, realizamos a avaliação de 30 indivíduos que apresentam sintomas aparentados ao que denominamos *tinnitus*: 15 são aracnólogos que estudaram o efeito de vibrações por estímulo sobre aranhas (as espécies estudadas estão descritas na parte dedicada à "Metodologia", bem como o material empregado em cada uma das etapas da avaliação, consultar os anexos); 15 são pacientes humanos(as) que sofrem de *tinnitus* e não têm qualquer relação especial com as aranhas – restringimos nossa amostra unicamente a humanos, de modo a limitar o número de variáveis possíveis, e também considerando a dificuldade para detectar essa patologia em outros seres não humanos.

Segundo uma hipótese aceita já de longa data,[20] os *tinnitus* originam-se de uma reação "desproporcional" do cérebro para compensar uma perda auditiva. O cérebro criaria "sons fantasmas" semelhantes aos "membros fantasmas" – aqueles membros amputados que as pessoas continuam a sentir; os *tinnitus* seriam, portanto, de acordo com essa teoria, "as dores de um som fantasma".

20 S. Parker, A. Sirin, "Parallels between phantom pain and tinnitus", *Med Hypotheses*, v. 91, p. 95-97, 2016. (N.A.R.)

Após termos realizado uma série de testes com nossos indivíduos, chegamos à conclusão de que o que afeta os aracnólogos (*versus* o grupo controle) *não se enquadra na categoria de* tinnitus.

Resumidamente, eis o que nossos testes, bem como os questionários que foram aplicados, nos indicam.

Em primeiro lugar, os aracnólogos não expressam qualquer tipo de queixa (0/10 na escala NPRS, Numeric Pain Rating Scale [Escala numérica de quantificação de dor]), contrariamente aos integrantes do grupo controle: sentimentos de dor ou desconforto vão de 5 a 9 na escala entre sujeitos que nunca trabalharam com aranhas ou com um diapasão. Segunda diferença notável: não foi constatado qualquer déficit auditivo no grupo dos aracnólogos, diferentemente do grupo controle, no qual as deficiências variam de "déficit médio" até "importante perda auditiva".

Finalmente, todos(as) no grupo dos aracnólogos afirmam que não se trata propriamente de sons, mas de vibrações, que se traduzem em pensamentos. Eles e elas declaram igualmente nunca antes terem tido conhecimento dessa capacidade de sinestesia atípica.

Quando submetidos a testes de diagnóstico por imagem, surge uma diferença crucial entre os dois grupos. Os sujeitos do grupo controle apresentam imagens normais da atividade cerebral quando eles ou elas ouvem os sons fantasmas (excluímos os indivíduos sofrendo de *tinnitus* causados por disfunções ou malformações). Em contrapartida, as imagens do grupo de aracnólogos apresentam todas a mesma particularidade, vista claramente no exame por imagens: as regiões ativadas por ocasião da sensação de vibrações coincidem com as que são estimuladas quando o indivíduo está conversando – o que já havia sido constatado no contexto das improvisações musicais.[21]

21 E. Zyporin, "Jam Sessions", in U. M. Bauer & A. Rujolu (org.), *Tomás Saraceno: Arachnid Orchestra. Jam Sessions*, 2017. (N.A.R.)

A determinação da origem dessas características sensoriais escapa de nossas competências, e nos restringiremos, neste artigo – como poderão constatar a seguir –, aos nossos resultados. Contudo, julgamos ser útil relatar, para sua informação, e visando ao desenrolar satisfatório dos trabalhos, dois elementos que se destacam dos questionários que apresentamos aos nossos entrevistados.

Por um lado, todas as pessoas do grupo dos aracnólogos (*versus* nenhuma do grupo controle) mencionaram o surgimento de pensamentos que lhes pareciam estranhos e cujo significado elas não compreendem, muitas vezes sob a forma de uma injunção ou de uma pergunta enigmática – por exemplo, "Solte um fio para perguntar ao vento"(*), "Contar histórias é uma competência dos aracnídeos, suas palavras em geral são mais armadilhas ou abrigos?"(*) ou ainda "Em que frequência você vibra?"(*). A lista completa encontra-se num documento em anexo (ver Questionário 2.B.a). Avaliamos a possibilidade da ocorrência de alguma modalidade de transe, mas os resultados não foram conclusivos.

Nós nos questionamos se não deveria ser feita alguma relação com o "oráculo Manbila", estudado a fundo pelo antropólogo David Zeitlyn em 1987, que demonstra o papel essencial das aranhas nos processos divinatórios entre os povos da República dos Camarões. Nessas práticas, uma jarra de cerâmica sem fundo e sem tampa é colocada sobre uma toca de aranha. Depositam-se em seu interior alguns gravetos de madeira e algumas folhas, numa disposição predeterminada. O jarro é então submetido a algumas vibrações para estimular a aranha a sair de seu buraco. Por obra de sua movimentação, a aranha vai então deslocar um ou outro dos objetos colocados, e é a reorganização (ou mais exatamente, a reorientação) desses elementos que vai permitir responder às perguntas realizadas. Isso nos conduz então à pergunta sugerida por trás dessa analogia: não se trataria, portanto, de um fenômeno similar, mas que estaria desta vez agindo diretamente, de maneira vibratória, sobre os tímpanos humanos?

Por outro lado, uma de nossas entrevistadas (S/ar. 12) nos afirmou ter "ouvido" (deixando claro que não se trata de audição, que nos faltam palavras para designar esse fenômeno, o que revela a indigência de nossos conhecimentos): "Num mundo onde as sensibilidades encontram-se em vias de extinção, vocês deveriam saber como lidar com seus receptores magnéticos!(*)" Esse mesmo indivíduo compartilhou conosco uma hipótese. Ela e seus colegas não sofreriam nenhuma patologia, seriam na verdade testemunhas dos efeitos colaterais de uma disfunção que estaria afetando as aranhas: estas seriam vítimas de uma sobrecarga de ondas. De acordo com esse mesmo indivíduo, teria sido criada uma verdadeira "fonoesfera" saturada de vibrações na parte superior da atmosfera, "uma rede invisível de ondas que envolve o planeta", que estaria reverberando na superfície da Terra. Donde as aranhas, tão sensíveis às vibrações transportadas pelo ar, pelas árvores e pelas plantas, pela terra e por suas rochas, se encontrariam em algo equivalente àquilo que poderia ser considerado, dentro de um sistema de sons, como uma cacofonia permanente. Elas precisariam produzir vibrações mais altas do que o que parece ser uma verdadeira descarga de ondas que parasitam as interrelações entre elas, com as plantas e os demais seres. "Na verdade, afirma ainda essa pesquisadora, atualmente as aranhas *gritam* por meio de ondas. E nós, com nossos pretensos *tinnitus*, somos as câmaras de eco do desespero das aranhas."

Não podemos, e acredito que estarão de acordo com isso, publicar essas últimas hipóteses, pouco suscetíveis de comprovação, mas minha equipe e eu mesma fazíamos questão de comentar essa possibilidade, pois conhecemos seu interesse por essas ciências tão cheias de promessas, a literatura e a poesia tremológica.

Desejamos agradecer o interesse conferido às nossas pesquisas, subscrevemo-nos etc.

ARQUIVO Nº 690 (FUNDO DA ASSOCIAÇÃO CIÊNCIAS COSMOFÔNICAS E PARALINGUÍSTICAS) PRONUNCIAMENTO DE TAMARA CESNOSCEO POR OCASIÃO DA REUNIÃO PLENÁRIA ANUAL DA ASSOCIAÇÃO CIÊNCIAS COSMOFÔNICAS E PARALINGUÍSTICAS

MINHAS CARÍSSIMAS E MEUS CARÍSSIMOS COLEGAS,
Gostaria de falar hoje a respeito de uma carta que recebi há bem pouco tempo. Foi enviada por uma de nossas colegas aracnólogas, a doutora Connie Grace, que conta ter resolvido escrevê-la após participar da experiência desenvolvida pela equipe do dr. Trovato sobre os *tinnitus*. Nessa carta, a dra. Grace disse ter finalmente compreendido que as sensações de *tinnitus* talvez se devam ao fato de que as aranhas talvez estejam sendo obrigadas a sobrepor-se aos "ruídos de fundo" formados pela ampla gama de ondas e vibrações que criamos de maneira constante nos ambientes demasiadamente sujeitos às nossas ações antrópicas. Sua primeira intuição foi a de que as aranhas "vibra-berravam" (termo criado por ela para indicar o efeito de um berro que seria emitido por meio de uma vibração) e que elas haviam se dirigido às aracnólogas e aracnólogos porque pensaram, em decorrência das experiências com o diapasão, que estas e estes falassem a sua língua. Notem que, nesse caso – acrescentou minha correspondente –, nossas pesquisas não fazem nada além de acrescentar ruídos ao ruído. Cito textualmente: "Será que não deveríamos repensar completamente nossos métodos? Muitos dentre nós desejam 'testar as reações', outros tentam estabelecer diálogos, mas devemos supor que tudo o que fizemos até agora foi *interferir*. Não se trata de contestar a interferência – afinal, o que é a

comunicação entre espécies senão interferência? –, mas temos de fazê-lo sabendo que desse modo estamos rompendo o pacto de silêncio das aranhas. Certamente, deveríamos imaginar como aprender a fazê-lo com a educação e todas as precauções da cortesia daqueles que desejam entrar na residência do outro."[22]

CARAS E CAROS COLEGAS, essa carta deve nos fazer refletir. A dra. Grace fala do rompimento do pacto do silêncio, e talvez se trate exatamente disso. As aranhas escolheram sabiamente ocupar os interstícios entre a visão e a audição, povoando com as próprias histórias um mundo onde falar leva a vibrar e onde vibrar leva a responder – *cantoras silenciosas de um canto carregado por muitos substratos.*[23] Cantoras silenciosas, sua poesia insonora se escreve sobre a vibração ínfima das teias, das folhas, dos caules; elas fazem coro com os grãos de poeira que dançam, com o vento, com as vibrações terrestres, com as ondas telúricas e os eventos cósmicos. Desde tempos imemoriais, tudo com elas falava e com elas escrevia – e então nós chegamos. Mas imaginem, só por um instante, o que elas devem pensar de nós! Uns tagarelas incoerentes! Pior! Bárbaros, analfabetos, iletrados! Pensem o que elas devem imaginar quando ouvem essa cacofonia vibratória sem gramática, sem rigor, sem ritmo, sem pontuação. Borborigmos – e olhe lá: descobriremos talvez um dia que os borborigmos são coros líricos dos povos bacterianos que

22 A dra. Grace não se refere explicitamente a isso, mas parece que ela foi bastante impactada pela leitura de uma conferência da filósofa Maud Hagelstein: *Tomás Saraceno, parler avec l'air. Vers un autre modèle de la participation* [*Tomás Saraceno, falar com o ar. Por um novo modelo de participação*] (2019). (N.A.R.)
23 Connie Grace refere-se aqui a um artigo de 2016 de P. S. M. Hill e A. Wessel. (N.A.R.)

garantem a manutenção de nossas vísceras. Que linguagem primitiva impomos às aranhas! Que não é sequer uma língua, aliás. E com os diapasões (e até com as escovas de dente elétricas), com que novas desilusões as obrigamos a se confrontar? Não fizemos contato, fizemos barulho.

Caras e caros colegas, devemos reconhecer as evidências: esses pretensos *tinnitus* são na verdade um sinal poderoso enviado pelas aranhas. É preciso ouvi-lo. Não, é preciso vibrar com ele e com ele reverberar. Não devemos esquecer aquilo que sabemos desde Buffon e que ainda sabem aqueles que dançam sob a proteção das tarântulas: as aranhas gostam de música. Temos de prosseguir com nossas pesquisas, mas devemos conduzi-las como artistas. Não digo que a partir de agora apenas artistas deverão dialogar com elas, mas que os cientistas deverão dirigir-se a elas como artistas, ou melhor, como artistas que se dirigem a outros artistas. Quem poderá saber? Talvez as aranhas descubram, caso perseveremos nessa via, que elas podem nos tornar capazes de ampliar nossas aptidões sensíveis, que poderemos ser menos burros do que fomos até aqui, que seremos capazes de progredir e que poderíamos nos tornar, com elas, tremopoetas tranquilos, músicos e musicistas de acordos sinestésicos, inventoras e inventores de histórias verdadeiras cuja autoria não seria apenas nossa – *Lembrai-vos de que os vivos não são os únicos com histórias para contar*(*). Aprenderemos, com elas, a cultivar os *tinnitus*, a acolhê-los e honrá-los – graças às aranhas, estaremos conectadas(os) à terra pelos nossos tímpanos. E poderemos então sentir os cantos do planeta e do cosmos, dos caules e das plantas que respondem às vibrações das cigarras mudas; o ar será nosso palco, e o vento, nosso regente. Escreveremos finalmente a poesia de um silêncio trêmulo e quase sussurrado.

CAPÍTULO 2

A COSMOLOGIA FECAL ENTRE OS VOMBATES COMUNS (*VOMBATUS URSINUS*) E OS VOMBATES-
-DE-NARIZ-PELUDO-DO-SUL (*LASIORHINUS LATIFRONS*)

[N]o final das contas, quem escreve? Resposta: os viventes, sem exceção, sobre as coisas e entre eles, as coisas do mundo umas sobre as outras, os planetas sombrios, as estrelas cintilantes e as galáxias luminosas [...]. A história começa com a escrita, mas muito antes dos humanos, então todas as ciências entram, junto com o mundo, numa história nova e sem esquecimento.[1]

MICHEL SERRES

1 M. Serres, *Darwin, Bonaparte et le samaritain, une philosophie de l'histoire*, 2016, p. 18. (N.A.)

PREFÁCIO

Por ocasião de seu quinquagésimo aniversário, a Associação de Theroarquitetura resolveu publicar uma obra coletiva reunindo os theroarquitetos e os geolinguistas. Esse livro deveria apresentar algumas das mais importantes pesquisas transdisciplinares no cruzamento das duas áreas de estudo. Tal como foi concebido, o livro deveria em princípio contar com cerca de 10 capítulos, reunidos em torno de cinco temas principais:

- *O habitat narrativo tecido (com um estudo comparativo entre as teias da aranha* Argiope aurantia *e os ninhos dos pássaros tecelões);*[2]
- *Os monumentos funerários (orientação dos túmulos entre as ratazanas –* Rattus norvegicus *– e as esculturas efêmeras de liturgia do luto entre os corvos-do-havaí –* Corvus hawaiiensis*);*
- *As estradas e avenidas (poéticas de influência das formigas* Cataglyphis velox*; poéticas pavimentadas dos cupins* Odontotermes magdalenae*; poéticas das criações subterrâneas – o que chamamos hoje habitualmente de túneis literários: estudo comparativo entre o rato-toupeira, o texugo e o cupim* Reticulitermes urbis*);*

2 As aves passeriformes *Ploceus* são um gênero da família *Ploceidae*, que reúne 63 espécies africanas e eurasiáticas de verdadeiros tecelões, construtores de ninhos esféricos, cônicos ou mesmo coletivos, muitas vezes reaproveitados de ano a ano. (N.T.)

- *As construções sim-poiéticas multiespecíficas (as moradias em papelão das formigas pretas dos bosques* Lasius fuliginosus *e dos cogumelos);*
- *Os museus de reuso – os habitats-museus de objetos sinistrados (tais como o vilarejo-museu de cerâmicas dos polvos comuns da baía de Porquerolles e os ninhos-museus de objetos roubados das pegas Pica pica*[3] *na região de Chicago).*

Esse projeto poderia abranger ainda outras temáticas, como a das tecnologias poéticas de construção. Esse tema poderia ter se tornado inescapável, sobretudo se lembrarmos as recentes descobertas que permitiram mostrar que as vibrações produzidas pelas vespas-oleiras[4] *para garantir a homogeneização das diversas camadas de terra cimentada para a construção de seus ninhos possuía um valor expressivo e lírico que ultrapassava de longe a mera funcionalidade. Outros assuntos ligados à expressão artística arquitetural igualmente notáveis também poderiam ter sido incluídos, como as pinturas rupestres em relevo dos morcegos, cujos incríveis talentos de escultores foram recém--descobertos nas grutas do Gardon. Essas obras coletivas – consideradas durante muito tempo simples depósitos fecais acidentais – são muito abstratas, o que torna sua análise bastante complexa. Inúmeros indícios, porém, nos levam a pensar que esses trabalhos possuem um forte valor simbólico e que muitas grutas escondem tesouros até aqui largamente ignorados. Do mesmo modo, essa parte poderia ter documentado a farta signalética animal com inegável vocação artística, seja ela de caráter efêmero ou perene, que serve para organizar a circulação das comunidades, seja convidando para fazer um desvio, para visitar um lugar, um local de interesse, mesmo um espaço comemorativo (esses últimos assuntos serão, no entanto, tratados parcialmente*

3 Pega: ave passeriforme da família dos corvídeos. (N.T.)

4 Vespas Potter, ditas *Euminae*, da família da *Vespidae*; constroem seus ninhos com barro. (N.T.)

nos capítulos "Estradas e avenidas" e "Monumentos funerários").

No entanto, as organizadoras da futura coletânea precisaram render-se às evidências, o escopo de um único livro não poderia ter a pretensão de ser exaustivo.

A obra deveria não apenas relatar os progressos de uma disciplina em plena fase de crescimento, a theroarquitetura, mas ainda, de modo mais amplo, registrar as dificuldades que limitaram, durante muito tempo, o reconhecimento de um valor expressivo e simbólico de diversas construções animais. Portanto, lhes pareceu obrigatório dedicar ao menos um capítulo contando essa história, se possível o capítulo de introdução. Vanessa Dittmar,[5] convidada para escrevê-lo, fez uma proposta interessante: ela conservava em seus arquivos o discurso pronunciado, cerca de trinta anos antes, por Deborah Oldtim, então presidente da associação, na inauguração conjunta do primeiro museu de Theroarquitetura e na sua primeira grande exposição ("Poética formal e arquitetura religiosa entre os vombates").[6] Nessa exposição inaugural, Deborah Oldtim relembrou, com direito a todas as suas peripécias, o caso hoje célebre e ainda mais relevante, por ter dado um verdadeiro impulso para a pesquisa de theroarquitetura, da descoberta da função literária, simbólica e religiosa dos muros fecais entre os vombates.

Contudo, observa V.D., deve-se registrar que essa reconstituição histórica feita por Oldtim, por mais bem documentada que tenha sido, apresentava sérias incorreções, em especial no que diz respeito às pesquisas que precederam aquelas descobertas. Foram essas imprecisões que levaram à crença de que haveria uma "exceção vombate" em matéria de comportamentos religiosos. Ficou então resolvido que esse capítulo introdutório

5 Vanessa Dittmar, doravante indicada como V.D. (N.A.)

6 Vombates são marsupiais da família dos vombatídeos. Trata-se de animais noturnos, herbívoros e escavadores encontrados principalmente na Austrália e na Tasmânia. Eles se assemelham a pequenos ursos, possuindo um corpo pesado e membros curtos. Medindo até 1,2 metro, apresentam também uma cauda vestigial, garras e dentição similar a de roedores. (N.T. e N.R.T.)

retomaria in extenso *aquele discurso presidencial, ao qual seriam acrescidos, sob a forma de comentários – redigidos pela historiadora (V.D.) – as retificações, anedóticas ou cruciais, que parecem ser necessárias.*

Esse livro ainda não pôde nascer, mas suas organizadoras não abandonaram a esperança de que ele possa ser publicado em breve. Lamentamos esse atraso, que mais uma vez comprova as inúmeras dificuldades inerentes a qualquer pesquisa transdisciplinar. No entanto, tendo em vista o interesse desse capítulo introdutório, ficou decidida sua pré-publicação sob a forma de um pequeno livreto, por um lado, para marcar a importância dessa data de aniversário, e, por outro, para compartilhar com os membros da associação e um público mais amplo a memória desse momento crucial da história de nossa disciplina.

F.T. e A.K.
Responsáveis pelo comitê editorial da Associação de Theroarquitetura.

DISCURSO DA PRESIDENTE DA ASSOCIAÇÃO DE THEROARQUITETURA, DEBORAH OLDTIM, DURANTE A INAUGURAÇÃO DO MUSEU DE THEROARQUITETURA E DE SUA PRIMEIRA EXPOSIÇÃO, "POÉTICA FORMAL E ARQUITETURA RELIGIOSA ENTRE OS VOMBATES" (REPRODUZIDO COM AS ANOTAÇÕES E COMENTÁRIOS DE VANESSA DITTMAR, DOUTORA EM THEROHISTÓRIA)

SENHOR MINISTRO DA CULTURA MULTIESPECÍFICA, senhora deputada, senhora secretária geral, caras e caros membros da Associação de Theroarquitetura, caras e caros colegas, caras e caros animais humanos e não humanos, que nos honram com sua presença.

Sinto-me particularmente orgulhosa e feliz por inaugurar esse museu com os senhores, sobretudo por conta dessa exposição que vai finalmente tornar acessível para um público mais amplo essas maravilhas arquitetônicas e poéticas que são os muros fecais dos vombates. Fico ainda mais contente pelo fato de essa inauguração coincidir com o vigésimo aniversário da fundação de nossa Associação de Theroarquitetura e que essa feliz coincidência nos permite – finalmente! – reconhecer tudo que nossas pesquisas mais recentes devem aos vombates.

Quem poderia ter imaginado, há somente alguns anos, que as fezes dos vombates, sobre os quais sabíamos tão pouco – com exceção do mecanismo digestivo responsável pela sua peculiar forma cúbica, que lhes permite construir verdadeiros muros – revolucionariam o campo da arquitetura animal? Mais ainda, que esses muros fecais, de aparência tão prosaica, dariam a nossos estudos posteriores um impulso decisivo para a descoberta das funções poéticas, literárias e simbólicas, até então ignoradas, de numerosas construções animais?

O destaque oferecido às ricas obras que são os muros de fezes dos vombates é uma oportunidade não apenas de reconhecermos nossa dívida com eles, mas tambémde revisitarmos a história de nosso campo de pesquisa – tarefa epistemológica necessária para uma área que alcança sua maturidade. Permite também, sem dúvida, refletir sobre suas errâncias passadas, mas também sobre seus progressos, sobre os benefícios incontestes da interdisciplinaridade e suas perspectivas futuras.

É preciso recordar que os estudos em theroarquitetura estiveram por muito tempo a reboque de outras correntes nascidas um pouco antes, como a therolinguística. É importante assinalar a dívida imensa que temos também com essa última área. Cabe-nos apenas repeti-lo e nos alegrarmos, o aporte das análises das literaturas e das poesias líricas e panfletárias animais foi decisivo para a compreensão dos vombates e de suas construções fecais. Lembremos que, antes das descobertas de nossos colegas therolinguistas, a concepção aceita a respeito da comunicação entre os animais permanecia muito primitiva, para não dizer totalmente ignorante. Os próprios vombates poderiam confirmar esse fato. Citemos, por exemplo, as primeiras investigações sobre as fezes, ao final do século XX e no início do século XXI, entre os vombates comuns (*Vombatus ursinus*) e o vombate-de-nariz-peludo-do-sul (*Lasiorhinus latifrons*). Restavam apenas alguns poucos espécimes do vombate-de-nariz-peludo-do-norte, portanto, ele não foi objeto de nenhuma pesquisa.

Esses estudos, longe de considerar o potencial comunicacional das matérias fecais, dedicavam-se – é preciso dizê-lo –, com uma ingenuidade desarmante, a destrinchar os mecanismos implicados na digestão e especialmente o papel do cólon em sua desaceleração.[7] Sem desejar demonstrar má vontade, somos obrigados a constatar que o que de fato foi desacelerado, em consequência dessa orientação, foram as pesquisas. Pois elas negligenciavam o papel fundamentalmente *semiótico* do *conjunto*. Em uma perspectiva ainda herdeira do cartesianismo, essas fezes eram reduzidas a simples resultados de efeitos mecânicos, produtos de engrenagens digestivas de um relógio anatômico mais ou menos bem regulado. Impregnados por essa concepção, os cientistas não imaginaram por um único instante que elas poderiam ser portadoras de significados, muito menos que elas constituiriam um dia uma parcela importante da cultura vombatesca.

Foi preciso aguardar alguns anos para que alguém intuísse um possível valor semiótico dessas fezes. De fato, análises desenvolvidas em 2002 por uma equipe australiana e austríaca[8] levantaram a hipótese de que as fezes dos vombates seriam portado-

7 I. D. Hume, P.S. Barboza, "The Gastrointestinal Tract and Digestive Physiology of Wombats" in R. T. Wells, P. A. Pridmore (org.), *Wombats*, Chipping Norton: Surrey Beatty & Sons, 1998, p. 67-74. (N.A.)
8 M. C. J Paris et al., "Faecal Progesterone Metabolites and Behavioural Observations for the Non-Invasive Assessment of Oestrous Cycles in the Common Wombat (*Vombatus ursinus*) and the Southern Hairy-Nosed Wombat (*Lasiorhinus latifrons*)", *Animal Reproduction Science*, v. 72, n. 3-4, p. 245-257, 2002. (N.A.)

ras de marcas, de signos com valor de indícios. Porém, novamente, os cientistas menosprezaram a dimensão propriamente literária ou poética dessas marcas, para reduzi-las à mera revelação de alguns acontecimentos do organismo, nesse caso, as fases do cio do vombate. Que as fezes não pudessem revelar nada além de um simples calendário fisiológico, e que sua dimensão propriamente criadora, por meio do emprego de uma escrita feromônica, tenha permanecido completamente ignorada, nos diz muito sobre os inúmeros pontos cegos, para não mencionar os paradigmas simplistas e os preconceitos, que assombravam as primeiras pesquisas.

A história das ciências é farta em exemplos desse tipo, casos que levam os herdeiros e as herdeiras dessas investigações à pergunta: mas como foi que eles não enxergaram? Para observar um fenômeno e lhe conferir algum significado, já o sabemos, é preciso uma teoria que seja capaz de acolhê-lo e de dar a ele esse significado. É verdade que naquela época não havia nenhuma teoria disponível. Além do mais, o paradigma mecanicista e os preconceitos mais antigos concernentes aos animais tornavam a ideia de expressividade das fezes ainda mais improvável.

De fato, o campo da therolinguística ainda não havia nascido – estávamos na alvorada do Terceiro Milênio. Mas antes de prosseguir, um último elemento poderia nos ajudar a compreender o ofuscamento das pesquisas. Em parte alguma encontramos menção à principal característica conhecida das fezes dos vombates: a forma cúbica. Essa ausência notável é hoje facilmente explicada, pois se trata de um artefato: os cientistas haviam desenvolvido seus estudos com vombates em cativeiro. Ora, sabemos hoje, com algumas raras exceções que serão abordadas mais à frente, que, em cativeiro, *o vombate não é um construtor*, e suas fezes não apresentam um formato especial. Seu valor expressivo é, então, extremamente simplificado, quando não inexistente.

Compreender e traduzir as criações literárias e poéticas dos vombates dependia então de duas condições, que o tempo acabou reunindo. A primeira consistia em não mais encarar as fezes individuais em sua crua materialidade, mas sim considerar de que modo os muros compostos por essas fezes formavam conjuntos coerentes. Esse terá sido o real aporte da theroarquitetura, e retomaremos esse ponto mais adiante. No entanto, essa condição pressupunha outra, sem a qual esses muros, por mais coerentes que fossem, uma vez considerados conjuntos, não apresentariam outro valor que não aquele atribuído pelas funções biológicas usuais, as quais serviram de hipótese explicativa por muito tempo no campo das construções animais: foi então necessário iniciar um *corpus* de literatura comparativa multiespecífica (do qual o reino vegetal iria se beneficiar logo em seguida, como sabemos). O papel da associação de therolinguistas foi crucial nesse aspecto.

Todos nos lembramos – tornou-se, aliás, um clássico da história das therociências –[9] do progresso considerável que resultou da descoberta de fragmentos de mensagens de formigas, encontrados sob a forma de traços de exsudação de glândulas sobre sementes de acácias cuidadosamente ordenadas. Desde então, uma multiplicidade de criações therolitérárias e theropoéticas incluíram-se no *corpus* daquilo que chamamos hoje de therolinguística clássica, seja a escrita cinética coral dos pinguins-de-adélia, ou, para mencionar as mais recentes, o arquivo histórico das aranhas, a poesia iniciática dos vaga-lumes, o romance subterrâneo da marmota e a epopeia labiríntica do rato-castanho.

9 U.K. Le Guin, "The Author of the Acacia Seeds. And Other Extracts from the *Journal of the Association of Therolinguistics*" in *The Compass Rose: Stories*, [1974] 2005. Acesso em jan. 2022. (N.A.)

Apesar de todos esses avanços, a therolinguística clássica começava a apresentar seus primeiros sinais de esgotamento, ou, para ser mais precisa, de sua "academização". As categorias demasiado estreitas, as classificações, as rotinas comparatistas, pareciam nos conduzir inevitavelmente ao confinamento das produções animais nas velhas gavetas de nossas próprias produções literárias. Recordemos a advertência do presidente que desencadeou a renovação radical dos métodos de pesquisa; cito de memória: "Fizemos outrora o louvável e necessário esforço de renunciar ao privilégio do audível, que contaminava as pesquisas linguísticas e restringia os animais ao campo limitado das literaturas orais. Agora, é imperativo romper com o privilégio do visível, que limita de modo considerável o futuro das pesquisas. Aos therolinguistas cabe a missão de dedicar-se à descoberta e à tradução de marcas *não audíveis* e *não visíveis*."

> [Observação da autora (V.D.)]
> O que o presidente chamava de "louvável e necessário esforço", e que a oradora repete, corresponde na verdade ao primeiro cisma sofrido pela associação dos therolinguistas clássicos, de responsabilidade do próprio presidente – um episódio que aparentemente todos preferiram esquecer, na medida em que ele quase comprometeu a credibilidade da associação de maneira duradoura, além de provocar a saída dos ornitolinguistas da mesma associação. Segundo os arquivos, jornalistas à procura de fofocas teriam divulgado de modo inadequado a frase do presidente da associação, certamente infeliz e pronunciada no calor do entusiasmo provocado pela descoberta da poesia panfletária das formigas: "os pássaros podem tirar seu time de campo." Não podemos esquecer sua importância histórica, e sobretudo o fato de que esta primeira separação teve como efeito cola-

teral positivo obrigar os therolinguistas a se especializarem no estudo das literaturas químicas, formais e cinéticas, levando assim sua área de pesquisas a escapar dos limites estreitos em que se encontrava majoritariamente confinada, os das literaturas orais – as quais são consideradas hoje muito primitivas, mesmo em suas versões corais.

Vale lembrar que essa exigência de reorientação das pesquisas, privilegiando o não visível, sugerida pelo presidente não foi imediatamente atendida. Foi preciso um novo episódio, suscitado dessa vez pela intuição de formas encantatórias oraculares entre as aranhas, para convencer nossos linguistas da necessidade imperiosa de romper com o privilégio do visível. Foi um ponto de virada fundamental na história de therolinguística, uma inflexão que desembocou na criação separada de uma nova corrente de pesquisas, a das "ciências cosmofônicas e paralinguísticas". Essa corrente inovadora favoreceu inúmeras perspectivas até então ignoradas pela therolinguística clássica – em especial a descoberta de obras ondulatórias totalmente desconhecidas, como a versificação vibratória da cigarra muda. Essa corrente também foi capaz de ampliar o campo das pesquisas em direção ao vegetal e permitiu o estudo, entre outros, da epopeia lírica dos liquens, da poesia passiva da berinjela e do romance trópico do girassol – sem esquecer do romance policial histórico (mesmo sendo ele considerado um gênero menor), como o da papoula às voltas com os produtos fitossanitários.

Ainda mais importante para nosso propósito, essa virada também abriu caminho para trabalhos muito fecundos e cruciais sobre as *formas criadoras* e estimulou os pesquisadores a investigar mais seriamente essas verdadeiras obras de arte poéticas, pictóricas, mas sobretudo feromônicas, representadas pelas marcações de território entre muitos mamíferos.

Os vombates permitiriam ainda que a therosemiótica desse um novo passo, desta vez a partir do campo da theroarquitetura. Os theroarquitetos se ativeram aos muros construídos pelos vombates próximos da entrada de sua toca subterrânea e também em alguns locais de seu território. Tais muros eram de uma solidez notável. Ora, esses muros deviam essa firmeza a uma característica única dos vombates: as fezes cúbicas. Esse aspecto havia até então passado relativamente desapercebido por uma razão simples: os vombates eram estudados em cativeiro. Porém, em cativeiro esses animais defecam como qualquer outro mamífero de constituição normal. Se eu puder me expressar de maneira coloquial, paradoxalmente, em cativeiro, nem cubos nem muros.

[Observação da autora (V.D.)]
É preciso observar que a presidente omite algumas pesquisas que ela talvez desconhecesse – os limites da interdisciplinaridade são muitas vezes o motivo de redescobertas singelas – ou talvez ela não tenha desejado estender seu discurso, já bastante longo. Na verdade, o formato cúbico das fezes dos vombates já havia despertado algum interesse, embora marginal, entre pesquisadores do final da segunda década do século XXI, liderados por Patricia Yang.[10] Yang se coloca como verdadeira precursora, pois ela decidiu estudar os vombates *na natureza e não em cativeiro*. Apesar de na época seu projeto não ter qualquer relação com um possível valor expressivo das fezes, pois seu objetivo era desvendar o segredo mecânico de seu formato (como um

10 P. Yang et al, "How, and Why, Do Wombats Make Cube-Shaped Poo?", *71st Annual Meeting of the APS Division of Fluid Dynamics*, v. 63, n. 13, 2019. (N.A.R.)

intestino seria capaz de produzir fezes cúbicas?), seu mérito foi o de ter inaugurado o questionamento. Quanto ao que diz respeito aos mecanismos que possibilitavam o formato singular dessas fezes, Yang descobriu que a parede do intestino do vombate, em seu trecho final (mais exatamente, no que corresponde a 8% do trato intestinal), não se estende de modo uniforme; é mais rígida em alguns lugares e mais flexível em outros. Onde a parede intestinal é rígida, as fezes que passam do estado líquido ao estado sólido são comprimidas de forma a moldar as faces dos cubos, e, onde a parede é mais flexível, são moldadas as arestas.

Vale lembrar que essas pesquisas foram recebidas com ironia e desdém pela maior parte dos cientistas. Já a indústria acolheu com entusiasmo a novidade: uma solução econômica para a fabricação de cubos aparecia finalmente. Os objetos em formato cúbico eram moldados por extrusão e corte ou por fundição. Os intestinos dos vombates demonstravam que era possível fazer, com um custo menor e em grande escala, objetos cúbicos ou assimétricos a partir de tecidos moles.

Era de se temer que essas pesquisas apaixonantes acabassem nas lixeiras da história da ciência e nas lixeiras ainda menos desejáveis do capitalismo, que ainda era vivaz e terrivelmente eficaz naquela época.

Essa diferença dos comportamentos excretórios entre os vombates em cativeiro e em liberdade intrigou os pioneiros da theroarquitetura. Claro, era possível supor que os animais em cativeiro, vivendo num ambiente menos árido, produzissem então fezes que não perdiam seu teor em umidade e que não se solidificavam da mesma maneira – uma explicação, é preciso reconhecer, de uma simplicidade quase ofensiva para os vombates.

[Observação da autora (V.D.)]
Observemos que essa foi, de fato, a hipótese levantada por Yang, e vale explicar que a pesquisadora era engenheira mecânica especialista em dinâmica dos fluidos, logo, legitimamente mais preocupada com a hidrodinâmica das fezes do que com seu eventual valor expressivo. Lembremos igualmente, e isso certamente explica o relativo esquecimento dos trabalhos de Yang (e sua omissão no relato histórico da presidente), que eles foram alvos de muita zombaria. Seu estudo sobre os vombates foi agraciado com o prêmio Ig Nobel de física, distinção paródica que destaca as pesquisas mais insólitas, ou mesmo as mais esdrúxulas ou absurdas. Ela já o havia recebido uma primeira vez em 2015, por ter comparado o tempo de micção dos mamíferos – 21 segundos ± 13 sendo o valor médio do tempo de esguicho, independentemente do tamanho do animal.[11]

Os theroarquitetos colocaram a pergunta de modo totalmente distinto, como teriam feito os arquitetos: não é o tijolo que faz o muro, é o muro que exige o tijolo. Em outros termos, se era preciso questionar tanto a ausência de fezes cúbicas quanto a sua presença, era necessário, sobretudo, traduzir essa diferença não como uma simples consequência de determinismos fisiológicos, mas como modos diversos dos excrementos estarem integrados, ou não, *num plano*. Ou seja: a afirmação não seria “em cativeiro, os vombates não excretam cubos”, mas sim “em cativeiro, os vombates não constroem muros, logo, não necessitam de tijolos, de cubos”. Essa lógica não se distancia de fato de uma explicação biológica, mas a desloca para insistir, de um

11 J. P. Yang et al., “Law of Urination: All Mammals Empty Their Bladders over the Same Duration”, arXiv:1310.3737 [physics.flu-dyn], 26 mar. 2014. (N.A.R.)

lado, na função deliberadamente criadora e expressiva desses muros e, de outro, no fato de que estaríamos provavelmente lidando com uma "gramática dirigida". Essa ausência de fezes cúbicas não deveria ser compreendida à luz da função que assumiriam as fezes em ambiente natural: para o vombate, sinalizar sua presença, ou a entrada de sua toca? Em cativeiro, na maior solidão, não é preciso assinalar coisa alguma – senão o tédio, mas outros modos de expressão da teimosia ou da resistência são então privilegiados – e as fezes retomam então sua função primeira, aquela de simples eliminação.

[Observação da autora (V.D.)]
Pode parecer anedótico, mas vale observar dois acontecimentos importantes na história não humana que parecem contradizer essa última afirmação. Pois as fezes *podem* indicar a teimosia, a recusa; elas podem então, em cativeiro, recuperar sua função expressiva. Tal ocorreu com os ratos, nos anos sessenta do século XX. Surgiram naqueles anos as primeiras preocupações a respeito dos possíveis danos causados pelo tabaco. Inútil comentar que muitas pesquisas foram subsidiadas pela indústria do tabaco, de modo a semear dúvidas sobre os resultados dos primeiros grandes estudos epidemiológicos. Naquela época, também era habitual estudar experimentalmente as situações mais perigosas (ou as mais destrutivas do ponto de vista patológico), testando-as em ratos especialmente selecionados com esse objetivo. Os ratos foram então expostos à fumaça de cigarros em caixas onde ficavam presos, dotadas de orifícios por onde os pesquisadores introduziam a fumaça. Os ratos, bem mais sábios e prudentes que muitos humanos, encontraram imediatamente a resposta. Fizeram uso de seus excrementos para cimentar os orifícios fatídicos.

Por outro lado, era fato notório que, em liberdade, os chimpanzés se servissem de pedras como projéteis para dissuadir qualquer aproximação de indivíduos não familiares ou considerados intrusos – em cativeiro, na falta de pedras, vão empregar de preferência suas fezes. Alguns pesquisadores do centro de primatologia de Yerkes tiveram a ideia de aproveitar esse costume para estabelecer, por meio de um longo estudo, se os chimpanzés são mais destros ou canhotos, ao contabilizar todos os lances que se esmeraram em provocar.[12] Foram provocados 2.455 lances, observados entre 1993 e 2005, para chegar à conclusão que os chimpanzés, em sua maioria, são destros. Essas duas experiências relativamente anedóticas não eram certamente conhecidas pela presidente. Apesar de que, no caso da segunda, diversos elementos nos levam a suspeitar que seu desconhecimento (ou o fato de que ela não seja sequer mencionada) remete à notável ignorância (ou até à omissão deliberada) na qual são mantidos os chimpanzés, tanto por parte dos therolinguistas quanto dos theroarquitetos. Retornaremos a isso mais adiante.

Considerando que os vombates empregam suas fezes para sinalizar seu território e sua toca, pode-se compreender o grande interesse em fezes cúbicas. Bem mais estáveis, permitem construir pilhas fecais de belas dimensões, dimensões essas ainda mais notáveis por resistir aos deslizamentos e à erosão. Foram, aliás, esses muros bem sólidos e vistosos que guiaram

12 Ver, p. ex., W. D. Hopkins, J. L. Russell, J. A. Schaeffer, "The Neural and Cognitive Correlates of Aimed Throwing in Chimpanzees: A Magnetic Resonance Image and Behavioural Study on a Unique Form of Social Tool Use", *Philosophical Transactions of the Royal Society* B, v. 367, p. 37-47, 2012. (N.A.R.)

inúmeros animais em direção às tocas dos vombates para lhe pedir abrigo durante os trágicos incêndios que devastaram a Austrália e erradicaram boa parte de seus habitantes além dos humanos ao fim da segunda década do século XXI.

Esses muros podiam, então, pertencer ao registro da signalética. Teriam, portanto, como função primeira constituir marcações territoriais. Ora, havia uma teoria datada do início do século XX pronta para acolher essa hipótese: a teoria da territorialização entre os mamíferos. É preciso salientar que essa teoria seguia profundamente impregnada da pesada herança das antigas teorias neodarwinianas, herança que poderia comprometer seriamente seu potencial heurístico. Por um lado, a noção de território permaneceu por muito tempo sob influência da ideologia da propriedade privada e da competição – a escassez de recursos leva inexoravelmente os animais em direção à competição, eles "se apropriam" dos territórios para garantir sua parcela de recursos, o que conduz a novas disputas para a obtenção e a salvaguarda desses mesmos territórios. Dentro dessa perspectiva, uma marcação territorial dificilmente pode indicar algo diferente de uma petição marcial. Por outro lado, outro obstáculo diante dessa teoria clássica da territorialização, a rotina funcionalista das antigas concepções neodarwinianas da evolução impunha uma exigência pesada aos comportamentos animais: era preciso que cada um desses comportamentos estivesse imediatamente vinculado a benefícios ligados à sobrevivência ou à reprodução – a questão da expressividade por si só, da beleza gratuita ou do prazer da criação ficava muitas vezes (mas não sempre, as aves escaparam parcial e milagrosamente de tal simplificação) fora do campo. Assim, caso os theroarquitetos tivessem interpretado esses muros fecais como simples marcações territoriais, é bem provável que o vombate terminasse sendo descrito como um pequeno proprietário burguês (como muitas vezes o foram, sob a influência dessa teoria, vários animais territoriais), o qual, por meio de seus muros fecais, indicaria a qualquer intruso potencial – pois todo visitante, num mundo de pequenos proprietários ciosos de suas prerrogativas, evidentemente só pode ser um intruso querendo apropriar-se dos bens alheios – que ele está vigiando de perto a integridade de suas fronteiras: "Ninguém passa!"

Devemos a esse genial pioneiro da theroarquitetura, e, aliás, o que não é fortuito, grande amante de literaturas animais e poeta percussionista, Joey von Batida, a intuição de que a geopolítica escatológica do vombate não podia resumir-se a mecanismos tão simples. Batida não era apenas um especialista em theroarquitetura, literatura e poesia. Primeiro formou-se em biologia evolutiva e propôs uma versão dela no mínimo heterodoxa, para não dizer bastante literária. Cada vivente, afirmava, é portador de uma narrativa – o que está de acordo com a teoria clássica. Mas essa narrativa não é um simples rastro do passado no presente. Pois, e aí reside a ideia muito original de Batida, cada vivente é guiado, ao longo da vida, por uma *pulsão criadora* insaciável. Essa pulsão pode adotar formas diversas. Assim, no nível mais elementar, cada vivente é, de modo inextricável, condição de existência para outros seres vivos, que são eles mesmos condições de sua própria existência – inclusive pelo fato de morrer e alimentar outros viventes. Cada vivente é, portanto, *de facto*, portador de uma *responsabilidade ontológica* que ele se verá constrangido a assumir, e que às vezes ele até *fará questão* de assumir. Quanto mais um vivente assumir essa responsabilidade, mais sua existência estará amplificada, intensificada. Em outros termos, cada vivente recebe sua própria "intensidade de existência" pelo fato de doá-la a outros e de recebê-la de outros. Quanto às narrativas mencionadas por

Batida, elas são justamente uma das formas possíveis, uma das tecnologias possíveis dessa pulsão criadora: infletir, mesmo criar existência, por meio da narrativa. Cada vivente tem então um motivo para *escrever* um relato, deixar sua marca criadora, seja ela sob uma forma arquitetural, sobre o próprio corpo, ou ainda sobre o de outros seres, sejam eles os de sua descendência, de seus congêneres ou até sobre os de outra espécie.

Logo, dizia ele, essas narrativas não poderiam reduzir-se a simples narrativas do passado, constituíam, cada qual à sua maneira, uma narrativa do porvir, uma espécie de projeto, uma ficção que aspira tornar-se verdadeira, que aspira *realizar-se*.

> [Observação da autora (V.D.)]
> Essa intuição de Batida recebeu recentemente uma confirmação quase literal. Foi encontrado o relato do que parece ser uma autobiografia de um polvo que teria sido escrita e endereçada (não dispomos ainda de total certeza quanto a isso) – estou citando – "ao polvo que chama desde o futuro a fim de devir". A tradução dos fragmentos esparsos encontrados sobre as cerâmicas já foi concluída, mas resta fazer um trabalho de interpretação, e esperamos dispor desses resultados nos próximos meses.

Devido à interdependência intrínseca de todo existente, as narrativas de cada um dos viventes se mesclam, se cruzam, se escrevem umas sobre as outras. As bactérias escrevem seus projetos nos corpos de seus hospedeiros, os pássaros, sobre as sementes de frutas que eles transportam para permitir novos encontros, as abelhas-macho carregam as narrativas das flores onde recolhem o pólen e as próprias flores carregam, sob a forma de narrativas incorporadas (perfumes, cores e formas), os projetos das abelhas. Todos contam, no passado, no presente e no futuro, uns aos outros e uns *sobre* os outros. Logo, cada narrativa constitui uma proposição, uma aposta sobre o futuro, uma isca para a existência,[13] quiçá para as metamorfoses. Assim funciona também a narrativa do líquen, que carrega a narrativa do projeto da alga, e da alga carregando a narrativa do líquen e que vai interpretar essa narrativa, que poderá modificá-la, para obrigá-la a inventar outras histórias mais. E então poderemos dizer de cada ser, com Batida, que ele é entremeado de narrativas de coevoluções passadas, projetadas na trama narrativa multiespecífica de coevoluções futuras. Indefectíveis pulsões criadoras.

As fezes dos vombates, segundo essa perspectiva, seriam elas próprias escritas de narrativas, passadas, presentes e futuras. Narrativas passadas e presentes, aquelas que já conhecíamos, que organizaram os últimos centímetros do intestino dos vombates e os combinaram com as narrativas das bactérias propondo metamorfoses, com as narrativas das frutas e plantas, elas próprias tomadas por histórias, e com aquelas de outros animais, juntos aos quais as construções dos vombates também adquiriram seus significados. Narrativas futuras, igualmente, cujo significado continua a ser elaborado de modo ativo: pois, sugeria Batida, esses muros adotavam seu significado segundo um sistema de coevolução, os "leitores" conferindo, de modo contínuo, novos sentidos que os muros poderiam assumir – outra manifestação da pulsão criadora. Esses muros seriam, de acordo com Batida, polifônicos. A obra literária dos vombates exibiria materialmente não somente sua "vida íntima" – caso se entenda por "vida íntima" suas relações, particularmente as digestivas, com as

13 O uso dos termos "proposição" e "isca" nesta passagem remete à filosofia do inglês Alfred North Whitehead (1861-1947), assim como à apropriação feita dela por Isabelle Stengers e Didier Debaise. (N.R.T.)

bactérias –, mas seria objeto de verdadeiras criações coletivas, mobilizando, por parte de outros animais, especulações sobre significados, narrativas que se adicionariam aos relatos propostos pelos muros, em resposta a esses últimos. Nessa perspectiva, os vombates seriam, portanto, ainda segundo Batida, os verdadeiros pioneiros de uma *escatologia especulativa*.

A complexidade desses significados é árdua porque eles são alvo de constantes transações entre fabricantes de textos e leitores, o que tornava as traduções especialmente difíceis. Sem dúvida, as ferramentas aperfeiçoadas para os fragmentos deixados pelas formigas sobre as sementes de acácia foram de grande valia, mas essas ferramentas continuavam muito rudimentares, tendo em vista a impossibilidade de estabilizar, de modo definitivo, um sentido qualquer nessa abundância pulsional.

Apesar de tudo, foi possível traduzir mensagens mais gerais de alguns desses muros, em especial daqueles encontrados nas florestas devastadas pelos incêndios na Austrália – podemos pensar, a esse respeito, que as mensagens, seja sob o efeito do fogo, seja devido ao pânico afetivo, seja ainda como efeito de uma vontade de acordo devido à urgência, estabilizaram-se de algum modo –, o que nos permitiu compreendê-las. Observou-se também que esses últimos registros apareciam fortemente intensificados; a forma das mensagens estava não só simplificada, mas também muito mais marcada – como se, conforme sugeriu Batida, tivessem sido escritas em letras maiúsculas.

Os cientistas concluíram que essas mensagens em feromônios, encontradas nos lugares incendiados, compunham uma escrita poética bastante simples (razão pela qual ela se tornou acessível para nós), elaborada com caracteres feromônicos que expressavam a benevolência e o convite (alguns se referiram a um afeto de hospitalidade).

Essa descoberta ia totalmente de encontro às teorias de marcação pelas fezes por parte dos animais territoriais, as quais haviam predominado ao longo do século XX. Essas teorias afirmavam que o caráter repulsivo das fezes constituía o cerne da mensagem – sempre de acordo com a tradição que considerava o território propriedade exclusiva.[14] *A contrario* dessas teorias (mas ver também, para um contraexemplo entre os lagartos, Campos, Strauss e Martins),[15] alguns pesquisadores suspeitaram da característica "ocitocínica" dessas mensagens fecais – isso porque, embora não tenhamos logrado detectar nenhuma molécula de ocitocina, esse hormônio conhecido como o hormônio do amor, seu efeito parece assaz similar, e devemos imaginar que muitíssimos hormônios permanecem até hoje completamente desconhecidos.

Além disso, fortemente inspirado pelo grande especialista em arquiteturas animais Karl von Frisch, Batida havia notado que inúmeras construções, em especial entre as abelhas e os cupins, são determinadas por questões de orientação, seja em relação aos pontos cardeais, às correntes telúricas, ao padrão dos ventos, à posição em relação ao sol etc. Porém, afirma Batida, a motivação dessas orientações não se baseia, como se acreditou durante muito tempo,[16] unicamente em objetivos utilitários (aproveitamento da luz solar, pluviosidade, trocas térmicas...). Batida recuperou, aliás, por conta própria, uma fórmula dos construtores de *yaodong*,[17] essas casas construídas

14 L. M. Gosling, "A Reassessment of the Function of Scent Marking in Territories", *Zeitschrift für Tierpsychologie*, v. 60, n. 2, p. 89-118, 1982. (N.A.)
15 S. M. Campos, C. Strauss, E. P. Martins, "In Space and Time: Territorial Animals Are Attracted to Conspecific Chemical Cues", *Ethology*, v. 123, n. 2, p. 136-144, 2017. (N.A.)
16 K. von Frisch, *Animal Architecture*; 1974; M. Hansell, *Built by Animals: The Natural History of Animal Architecture*, 2008. (N.A.)
17 *Yaodong*, "caverna casa", é um tipo de abrigo comum no norte da China escavado diretamente na rocha de uma colina ou montanha. As *yaodong* existem há séculos e abrigam milhões de pessoas. (N.R.T.)

nas encostas das montanhas: "A orientação de uma construção tem consequências para a descendência. Sem descendência, nada de consequências..."

> [Observação da autora (V.D.)]
> Parece que Batida teria alterado ligeiramente a frase original, que dizia: "A orientação de um *túmulo* tem consequências para a descendência. Sem descendência, nenhuma consequência." A frase autêntica foi, aliás, retomada pelos theroarquitetos que estudaram a orientação ritualizada dos corpos das ratazanas falecidas na região provençal (a ser publicado no volume comemorativo do quinquagésimo aniversário da Associação de Theroarquitetura).

Essa afirmação levemente enigmática (que as antigas teorias teriam associado à maximização do sucesso reprodutivo) suscitou muitos debates. A hipótese mais verossímil (como Batida nunca esclareceu o assunto, só se podia especular) nos levou a traduzir a fórmula substituindo "descendência" por "destinatários": os muros são orientados de modo a assegurar *a sobrevivência daqueles que os lerão* – donde o interesse em encará-los sob o ângulo da responsabilidade ontológica e não sob aquele da responsabilidade ética, que retira sua dimensão criadora em prol de uma norma ou um dever. Esses muros só têm significado enquanto houver leitores que possam conferir-lhes algum (reciprocidade ontológica). Sem leitores, sem consequências: isto é, sem leitores, nada de significados, logo, nenhuma sequência para os relatos, nada de polifonia narrativa.

A tarefa que aguardava os theroarquitetos era, portanto, imensa, e não há nada de surpreendente no fato de que não se pode esperar que esse trabalho, por mais avançado que esteja hoje, seja concluído dentro de muitos anos. Porém, outros avanços, não menos notáveis, puderam ser realizados a partir desse momento crucial representado pelas descobertas de Batida.

O mais importante dentre eles permanece, sem dúvida, sendo o estudo realizado no âmbito da colaboração transdisciplinar iniciada pela grande theroarquiteta Donna Bird. Devemos a ela, aliás, a inscrição dos muros fecais dos vombates no Matrimônio Mundial das obras-primas da Unesco – que se juntaram às teias de aranha e a algumas outras criações animais. Ainda que Bird estivesse plenamente de acordo com as interpretações de seu mentor – Batida foi o orientador de sua tese sobre a signalética fecal lírica comparativa entre o vombate e o Dingo –,[18] ela acabou direcionando suas pesquisas para outro caminho. Sem dúvida, os muros fecais eram realmente endereçados tanto aos seus congêneres quanto às outras espécies, e, sem dúvida alguma, até às plantas e às árvores, no momento da erosão desses muros em decorrência das chuvas.

Mas um caso a havia deixado intrigada. Apesar da crença de longa data de que os vombates em cativeiro se abstêm de defecar cubos, certas exceções haviam sido observadas: alguns vombates-de-nariz-peludo-do-norte, criados em residência[19] depois da verificação de que esse grupo se encontrava à beira da extinção, tinham começado a construir muros com tijolos de formato cúbico. Não eram muito numerosos, mas seu caso permanecia inexplicado.

> [Observação da autora (V.D.)]
> Apenas como registro: a ausência desse comportamento

18 Dingo (*Canis lupus dingo, Canis dingo*): canídeo selvagem, de pelagem castanha ou amarelada, encontrado, sobretudo, na Austrália. (N.T.)
19 O que era antigamente chamado de "cativeiro", antes desse termo passar a designar extensas áreas protegidas tais como as conhecemos, já há algumas décadas, sob o nome de "residência". (N.A.R.)

entre os vombates em cativeiro havia inicialmente sido atribuída, com Yang, à hipótese hidromecânica (as fezes cúbicas sendo consequência de uma alimentação pobre em água nos climas áridos). Essa hipótese foi substituída por outra segundo a qual o comportamento em cativeiro estaria inibido por falta de interlocutores aos quais as mensagens poderiam estar dirigidas.

Inúmeras foram as teorias aventadas para explicar os construtores dissidentes: seriam os vombates vítimas de estereotipias, patologias típicas do cativeiro que as residências, por mais bem planejadas e agradáveis que fossem, não eram sempre capazes de evitar? Uma forma de "retorno ao instinto" que se produziria *in vacuo*, "no vazio", como acontece às vezes quando as pulsões se tornam demasiado fortes e não encontram meios de se satisfazer? Ou, então, haveria alguma diferença, genética ou cultural, entre os vombates-de-nariz-peludo-do-norte e os demais? E, caso se tratasse de uma diferença cultural, como a transmissão teria ocorrido?

Bird propôs uma experiência para tirar a limpo essas hipóteses. Em um experimento, ela reuniria em duplas cada um dos três nariz-peludos-do-norte construtores dissidentes (Job, Hatley e Thom) com três vombates comuns não construtores (Matthew, Val e Harry-Frauca), os três em residência após a morte acidental da mãe, ocorrida antes do seu desmame. Os pares foram formados, isolados uns dos outros e mantidos sob observação contínua.

Uma primeira característica do comportamento dos vombates do Norte, e que havia passado despercebida até então, foi notada pelos cuidadores: não somente seu consumo de água parecia bem inferior à média observada entre seus congêneres não construtores também em residência, mas eles escolhiam com cuidado, entre os alimentos ofertados, aqueles cujo teor hidrométrico era reduzido. Deliberadamente, os vombates-de-nariz-peludo-do-norte haviam optado pelo regime alimentar adequado para permitir ao intestino a fabricação dos cubos fecais. Se os vombates comuns não pareciam, ao menos no começo, desejar adotar esse regime, observou-se, no curso da segunda semana, no dia 10 mais exatamente para Val, no 12º dia para Matthew e no 14º dia para Harry-Frauca, uma redução bastante considerável em seu consumo de água. No 15º dia, foi possível observar o resultado dessa mudança alimentar: o muro da residência de Val e Job se compunha agora de dois muros, encostados um no outro e formando um V. Nos dias seguintes, as duas outras residências expuseram um muro idêntico.

Essas formas, observou Donna Bird, lembravam os moledos[20] fabricados pelos humanos e encontrados em diversas partes do mundo, seja no norte da Escócia, no Sudeste Asiático, nas terras ameríndias ou na Austrália. Recordou então o que tanto havia intrigado seu mentor: a questão das orientações. Ao se dedicar ao problema, fez uma descoberta que se mostrou, em seguida, determinante: comparando os moledos das diversas residências, eles não somente se correspondiam forma a forma à medida que apareciam, mas também apresentavam uma orientação e uma abertura de ângulos estritamente idêntica, caso se medisse o grau de abertura entre a extremidade de cada um dos dois muros que compunham os Vs. O fato de corresponderem de modo tão fiel, embora fossem construídos em residências diversas, não era fortuito nem possivelmente combinado; a péssima visão dos

20 Moledo ou moledro, *cairn* em francês e inglês, é um empilhamento artificial de pedras. Costuma ser construído propositalmente para assinalar um local específico, como um caminho ou um túmulo. Pode variar de tamanho de um pequeno montículo a estruturas megalíticas, como colinas artificiais. (N.T. e N.R.T.)

vombates não lhes teria permitido obter qualquer informação sobre como eram as construções de seus congêneres vizinhos nas outras residências. Mas faltava ainda esclarecer a questão mais crucial: a quem se dirigiriam essas construções? Suas variações idênticas indicariam que teriam recebido alguma resposta que influenciaria as construções seguintes?

No estado atual de nossos conhecimentos, podemos adiantar somente especulações, e somos forçados a reconhecer o caráter no mínimo problemático destas hipóteses. Mas apostamos em sua fecundidade heurística, na impossibilidade de fundamentá-las empiricamente. Caso essas hipóteses pudessem de algum modo ser demonstradas, então um amplo campo de pesquisas se abriria para nós. E este deveria nos conduzir a revisitar seriamente a ideia, admitida até agora, de que somente os humanos teriam desenvolvido o que chamamos de, por falta de um nome melhor, um *sentido do sagrado*.

[Observação da autora (V.D.)]
É bastante surpreendente que nem a pesquisadora Donna Bird nem Deborah Oldtim, a oradora desse discurso, se refiram aos estudos, no entanto muito antigos, que destacam sinais de religiosidade em outros animais. Encontramos por exemplo em Plínio, o Velho (*História Natural*, VIII, 1 e 2, "Dos elefantes; de sua inteligência", publicada no ano 77), um belíssimo texto sugerindo que "o elefante [demonstra] um culto aos astros [...] e veneração ao sol e à lua".[21] Plínio continua: "Autores relatam que, nas florestas da Mauritânia, manadas de elefantes descem às margens de um rio chamado Amilas sob os raios da lua nova: ali, se purificam, asper-

21 Citado por Matheus Trevizam em *Maravilhas zoológicas na enciclopédia de Plínio, o Velho, a partir de duas sugestões de Ítalo Calvino*, Anuário de Literatura, Florianópolis, v. 20, n. esp. 1, p. 143-155, 2015. (N.T.)

gindo-se solenemente com água; e que após terem assim saudado o astro, entram nos bosques, carregando com sua tromba os filhotes fatigados. Eles compreendem até a religião dos outros [...]".

Sem dúvida, a referência a Plínio poderia parecer pouco confiável e não traz nenhuma das garantias que os métodos científicos posteriores poderiam fornecer. Porém, bem mais próximo de nós no tempo – 1900 anos mais tarde –, Ronald K. Siegel[22] relata formas de cultos ao astro, durante os quais os elefantes agitam galhos para a lua crescente e se comprazem em banhos rituais durante a lua cheia.[23]

Iain e Oria Douglas-Hamilton observam, na mesma época, elefantes realizando rituais em torno dos seus defuntos. Eles os recobrem de terra, de folhagens e de flores.[24] Em 1973, o antropólogo Gesa Teleki observa um grupo de chimpanzés no parque de Gombe, na Tanzânia. Quando um deles morre acidentalmente, seus congêneres arrancam galhos e jogam pedras sobre o corpo. Depois disso, reúnem-se em círculo em torno do defunto, alguns em silêncio, outros gemendo.

Diversos autores dessa época recusam-se, entretanto, a admitir que os animais tenham qualquer crença na vida após a morte. Assim, Ronald Siegel defende em 1973 a ideia de que os comportamentos humanos de cuidado com os defuntos, bem como os rituais, poderiam ter sido imitados com base no que os primeiros humanos observaram entre os

22 Ronald Keith Siegel (1943-2019) foi um pesquisador de psicofarmacologia ligado à Universidade da Califórnia, em Los Angeles. Pesquisou temas como as alucinações, a paranoia e os efeitos de diversas substâncias psicoativas sobre a consciência. (N.A.R.)

23 R. K. Siegel, "Religious Behavior in Animals and Man: Drug-Induced Effects", *Journal of Drug Issues*, v. 7, p. 219-236, 1977. (N.A.R.)

24 I. Douglas-Hamilton, O. Douglas-Hamilton, *Among the Elephants*, 1975, p. 240. (N.A.R.)

animais. Todavia, esses comportamentos entre os animais seriam totalmente desprovidos de valor sagrado. É fato que esses comportamentos imitativos não são raros, nota Siegel; numerosos remédios foram identificados pela observação daquilo que fazem os animais quando estão feridos ou doentes. Assim, destaca Siegel, os cherokees aprenderam a tratar mordidas de cobras após terem visto ungulados[25] banharem-se na água fria depois de um ataque. O sepultamento de seus congêneres defuntos pelos animais não indicaria, ainda de acordo com Siegel, qualquer pantanatologia, mas estaria ligado a um aspecto profilático: se trataria de eliminar o odor ou a visão de um cadáver em estado de putrefação. Ainda segundo ele, é provável que os primeiros humanos tenham imitado os animais por razões similares: evitar o contato com os mortos, quando não podemos fazer mais nada por eles, o sepultamento sendo uma extensão do isolamento, ainda mais necessário quando a morte ocorre no espaço da vida em comum. O sentido do sagrado só teria surgido mais tardiamente.

Siegel não será o único pesquisador a duvidar da possibilidade de um sentimento religioso entre os animais: para a maioria de seus colegas, essa permanecia sendo a especificidade humana. Certamente, raras vozes tentaram, apoiadas em observações, contestar essa forma de excepcionalismo humano. Permaneceram, no entanto, minoritárias durante muito tempo.

Porém, no decorrer dos anos, outras proposições emergiriam, apoiadas em sólidas observações empíricas. Ora, nem Bird nem Oldtim se referem a elas.

25 Ungulados: mamíferos cujas extremidades dos dedos são providas de unhas desenvolvidas ou cascos; incluem porcos, camelos, cavalos e antas, entre outros. (N.T.)

Isso se torna ainda mais surpreendente se considerarmos o fato de alguns pesquisadores terem identificado, ao longo da primeira parte do século XXI, não somente a *construção de moledos* entre os chimpanzés (os vombates não seriam então os únicos além dos humanos capazes de construir esses montículos), mas terem também ponderado que essas construções comprovariam a existência de um sentimento do sagrado entre os primatas.

Durante a segunda década do século XXI, três eventos científicos da maior importância vão se suceder no intervalo de poucos anos: em 2009, num artigo publicado na prestigiosa revista *Nature*, primatologistas anunciam o nascimento de um novo campo disciplinar: "a arqueologia dos primatas."[26] Reconhece-se oficialmente a possibilidade de uma história cultural longa e inventiva, e até de uma pré-história dos animais – e inúmeros artefatos julgados até então de origem humana lhes serão reatribuídos. Em 2014, James Harrod, um historiador das religiões, publica um artigo audacioso: "The case for chimpanzee religion". Ele reconhece explicitamente a possibilidade de um sentido religioso entre os animais, ao menos entre os chimpanzés, e sustenta sua hipótese com numerosos exemplos.

Dois anos depois, mais de oitenta primatologistas procedentes de instituições acadêmicas de uma dezena de países assinam um artigo em conjunto, publicado em *Scientific Reports*.[27] Foram descobertos moledos em quatro comunidades distintas de chimpanzés. Segundo eles, pensou-se durante muito tempo que as pedras empregadas

26 M. Haslam et al. "Primate Archeology", *Nature*, v. 460, 2009, p. 339-344. (N.A.R.)
27 H. S. Kühl et al. "Chimpanzee Accumulative Stone Throwing", *Scientific Reports*, v. 6, art. N. 22219, 2016. (N.A.R.)

pelos chimpanzés tinham um objetivo meramente utilitário, servindo como martelo ou como arma. (Os chimpanzés descritos em 1964 por Jane Goodall, por exemplo, lançam pedras durante os conflitos. Devemos notar que esse mesmo comportamento foi observado posteriormente entre os macacos japoneses mantidos em cativeiro, entre os babuínos e os macacos-prego-de-cara-branca.[28] Os chimpanzés usam também lascas de pedra para cortar frutas maiores ou cuja carne é dura e fibrosa. Sabemos também que podem modificar o aspecto da pedra, golpeando-a com outra de modo a obter lascas com gumes cortantes.

Data de 2011 a descoberta, feita por pesquisadores na região de Sangaredi, na Guiné, de pilhas de pedras junto a algumas árvores. Trata-se visivelmente de um depósito feito de forma deliberada pelos chimpanzés. Um vasto estudo realizado por primatologistas que trabalhavam na África então deslancha, e seus primeiros resultados serão publicados em 2016. No decorrer dessa pesquisa, descobre-se que esses moledos não constituem um fenômeno isolado. Foram encontrados outros *cairns* em três locais pesquisados, na Guiné-Bissau, na Libéria e na Costa do Marfim. Em todos eles, encontramos uma configuração idêntica: as pedras são depositadas em árvores ocas ou no pé de raízes que formam uma cavidade. Alguns dos montículos contêm até 37 pedras, as mais pesadas alcançando cerca de 15 kg. Foram instaladas câmeras em cada um dos depósitos. Foi possível então observar os chimpanzés chegarem com alguma pedra, ou irem buscar uma daquelas já disponíveis. Algumas vezes lançando-a com as duas

28 *Cebus capucinus*: macaco de porte médio da família *Cebidae*, natural da América Central e noroeste da América do Sul. (N.T.)

mãos contra a árvore, já outras, guardando-a e em seguida batendo na árvore repetidamente, ou ainda jogando-a na cavidade, num gesto sempre acompanhado de sinais sonoros –, os *pant-hoot* característicos da exibição ritualizada de ameaças entre os chimpanzés. Esta última é executada em posição bípede, imprimindo ao corpo um movimento de balanço acompanhado de batidas dos pés e, às vezes, arrancando-se folhagens dos galhos. Após a pedra ter sido lançada, assiste-se a uma fase aguda do *pant-hoot, que* se transforma em grito, quando a árvore é então martelada com os pés e as mãos.

Entre as teorias explicativas para esse comportamento, os pesquisadores vão eleger aquela que o encara como um ato de ritualização simbólica. O fato de esses locais de depósito serem tão estranhamente semelhantes a *cairns* encontrados em lugares específicos, somado ao fato de esses espaços serem palco de comportamentos muito ritualizados e cujos gestos não corresponderem a nenhum benefício funcional, tudo isso, concluem os estudiosos, fala a favor dessa hipótese.

Se as sugestões feitas pelo historiador das religiões James Harrod forem seguidas, não podemos deixar de dar razão a esses pesquisadores. O que está sendo descrito remete efetivamente à categoria dos comportamentos rituais, reconhecíveis, segundo Harrod, graças ao fato de que os chimpanzés descontextualizam e convertem sinais habituais de comunicação (aqui, sinais ligados a ameaças) para lhes conferir outro significado. Sabemos que os chimpanzés são capazes de fazer esse tipo de conversão: já foram vistos, por exemplo, desviando um comportamento que, em outros contextos, indicaria a vontade de agredir para usá-lo como sinal de que querem brincar. No caso dos *cairns*, parece que os gestos agressivos estariam sendo desviados em prol do espetáculo. Mas um espetáculo para quem?

Ainda de acordo com Harrod, poderíamos supor que se trata de um comportamento ligado a um sentido religioso. Indo de encontro a um grande número de antropólogos e historiadores do religioso, Harrod afirma que não haveria nenhuma razão para que a religião pudesse emergir no seio de nossa espécie e não em outras. Mas isso desde que não se exija que o significado do termo "religião" repouse sobre a posse da "nossa" linguagem, o que, sabemos hoje, não passou de um truque de ilusionista que permitia aos humanos conservar a exclusividade da crença ou da fé. Harrod vai então propor uma definição transespecífica para a religião, ou seja, certamente não antropomórfica e não antropocêntrica, mas tampouco teísta e logocêntrica.

Dessa maneira, segundo ele, o sentimento religioso entre os chimpanzés é reconhecido quando estes parecem expressar emoções de respeito perante acontecimentos que os sobrepujam – o fascínio ou a curiosidade diante de fenômenos extraordinários, especiais ou de tipo milagroso.

O fato de que alguns grupos culturais pratiquem a dança da chuva também fala a favor dessa hipótese. Os chimpanzés manifestariam, nessas circunstâncias, uma forma de encantamento diante de um evento da natureza – embora, segundo Jane Goodall, essa dança possa constituir uma espécie de desafio aos elementos: ela é geralmente executada após ocorrer uma ventania violenta anunciando uma tempestade; o ritual assume então todos os aspectos de um simulacro de ataque não orientado, com folhagens arrancadas, gritos e lançamento de pedras. Mas Goodall também observou chimpanzés sentados ao pé de uma cachoeira, contemplando-a longamente. Do mesmo modo, conta ela, os chimpanzés de Gombe podem permanecer às vezes por mais de quinze minutos observando o pôr do sol sobre um lago.[29]

Condutas observadas por ocasião da morte de um congênere comprovariam também a existência de um sentido do sagrado: o mais frequente assume a forma de um respeito silencioso claramente intencional, imposto, por vezes, durante muitas horas. Paradoxalmente, os chimpanzés adotam o silêncio como meio de comunicação: em geral, são silenciosos somente durante a caça ou quando patrulham em territórios estrangeiros. Trata-se, diz o autor, de uma transferência mimética, típica das condutas ritualizadas: uma nova mensagem é veiculada por meio de um antigo comportamento comunicacional. Cito Harrod: "O silêncio imposto durante a caça ou em território possivelmente hostil significa: estamos além dos limites, do outro lado."

Foi possível observar, naquelas circunstâncias, condutas de deferência ou de exigência de respeito (num grupo, os machos mais velhos impediram os mais jovens de se aproximar do corpo do defunto e de tocá-lo), de tristeza e interrupção das atividades. Outros pesquisadores também presenciaram casos de simulacros de ataques não orientados cujo significado ritual era incontestável. O ritual, nesse caso como em outros, mostra que os chimpanzés operam no modo do "como se": agimos "como se estivéssemos sendo atacados", "como se estivéssemos atacando um inimigo invisível" – como em um jogo, em um espetá-

29 J. B. Harrod, "The Case for Chimpanzee Religion", *Journal for the Study of Religion Nature and Culture*, v. 8, n. 1, p. 8-45, 2014. (N.A.R.)

culo e em todas as situações de desvio ou de conversão dos significados.

Harrod comenta, ainda a favor da possibilidade de que os chimpanzés possam agir pelo modo do "como se", o fato de exibirem, por vezes, um comportamento análogo ao antropomorfismo: atribuem a não chimpanzés, e até a objetos inanimados, características chimpanzeiformes (ou animadas); podem, nesse caso, preparar pedaços de pedra ou de madeira, "fazendo sua higiene", como se se tratasse de uma criança chimpanzé.

Todas essas características, dança da chuva, encantamento ou desafio diante dos elementos da natureza em revolta, ou diante de sua beleza, comportamentos de respeito perante a morte, ritualização das condutas etc. – parecem então sugerir, segundo Harrod, que os chimpanzés "reconhecem quando estão lidando com um evento fora do comum, que pede respostas fora do comum"; em suma, que possuem uma religião. Porém, esclarece Harrod, *sem teologia* – vamos retomar esse ponto.

É preciso salientar uma última questão nesse panorama, sobretudo porque ela permite fortalecer a intuição de Donna Bird a respeito da ausência de muros entre os vombates privados de liberdade: foi observado, destaca Harrod, que "o cativeiro fragmenta a integridade cultural dos rituais". Esse último elemento reforça então nosso espanto: por que motivo os chimpanzés não são mencionados nem por Donna Bird nem por Débora Oldtim, embora seus comportamentos possam apresentar inúmeras similitudes com os dos vombates? Não é necessário duvidar da integridade nem das competências dessas duas cientistas, há outros motivos para tal.

Uma primeira hipótese poderia servir de explicação. Esse desconhecimento, de fato, é particularmente característico da atitude que parece ter sido adotada, ou até incentivada, por parte do conjunto da therolinguística em relação aos chimpanzés, isso desde o início de sua história. A theroarquitetura, muito influenciada pela therolinguística, teria então herdado esse desconhecimento, ou melhor, esse desinteresse, que aparentemente seria deliberado. Embora os chimpanzés tenham fascinado um número muito importante de pesquisadores, oriundos de numerosas disciplinas, desde a segunda metade do século XX até o final da terceira década do século XXI, não encontramos, tanto nos estudos dos therolinguistas quanto naqueles dos theroarquitetos, nenhuma referência a eles. Não foram objeto de qualquer pesquisa literária ou poética, como se fossem os grandes iletrados da criação. As razões para tal são múltiplas.

De um lado, a vontade explícita de romper com o antropocentrismo exerceu sem dúvida uma influência nada desprezível nessa escolha. Os chimpanzés foram tratados por muito tempo como os primos mais próximos dos humanos, e esse status lhes concedia um papel especial, sob alguns pontos de vista bastante privilegiados – eram considerados, dentre os animais além dos humanos, os mais inteligentes, os mais interessantes (ver sobre isso a crítica particularmente premonitória de um primatologista que, bem no início do século XXI, ressaltava, a respeito dos chimpanzés, o fato de que estes teriam se beneficiado de um "escândalo hierárquico").[30] Aliás, não foram eles

30 T. Rowell, "A Few Peculiar Primates", in S. Strum; L. Fedigan (org.). *Primate Encounters: Models of Science, Gender and Society*, 2001, p. 57-71. (N.A.R.)

os primeiros a serem aventados para a concessão aos animais de uma cidadania jurídica e política? Esse sucesso, fruto de um nepotismo evidente, tornava então seriamente suspeita, de antemão, qualquer pesquisa que os envolvesse.

Além disso, e as coisas estão ligadas, não se pode menosprezar a ideia de que de fato os chimpanzés são, de algum modo, iletrados. Sem dúvida, são parecidos com os humanos, e nunca deixaram de endossar o papel de testemunhas de suas origens. No entanto, com o desenrolar do progresso das pesquisas, os estudiosos descobriam a complexidade, a delicadeza, a sofisticação das literaturas e das criações, a inefável poesia das ondas, dos feromônios, das construções, seja aquelas das aranhas, dos grilos, dos texugos, dos liquens, diante das quais os chimpanzés aparecem de certo modo como incultos, animais primitivos, grosseiros artesãos da comunicação – quiçá imitadores sem talento? Não se dizia, aliás, dos imitadores sem imaginação que estariam "macaqueando"?

Uma segunda hipótese poderia ser encontrada no texto do próprio Harrod, o que justificaria que Donna Bird (ou seus predecessores) tenha menosprezado as pesquisas a respeito dos chimpanzés, caso delas tenha tido conhecimento. Já nos referimos a isso: apesar de Harrod reconhecer uma religião entre os chimpanzés, não a atribui a alguma teologia. "Os chimpanzés", escreve ele, "teriam uma forma de sentimento religioso, sem haver necessidade de que este se direcione a uma divindade ou a uma forma qualquer de animismo".[31] Haveria, portanto, um sentido do sagrado entre os chimpanzés, mas não o de uma presença

31 J. B. Harrod, op. cit., p. 40. (N.A.R.)

de algo maior do que si próprio, ou invisível. Dessa forma, Harrod não teria ele próprio serrado o galho sobre o qual queria empoleirar seus chimpanzés religiosos? Uma religião sem seres, uma religião despovoada a esse ponto, uma religião "não endereçada a ninguém" – de algum modo, um panteísmo invertido – seria ainda uma religião? É exatamente o que Bird pensava ter de reconhecer entre os vombates: o fato de que eles percebiam que haveria "outra coisa" neste mundo, "outra coisa" em direção à qual sua pulsão criadora deveria dirigir-se.

É o que leremos na conclusão desse discurso de Deborah Oldtim, ao final do qual chegamos agora.

Pois era essa a ideia de Bird; esses muros, esses *cairns*, não eram dirigidos apenas aos congêneres e a outros animais. Orientavam-se em direção a outros seres, seres invisíveis, seres cuja presença e importância no universo dos vombates jamais havia sido suspeitada. Os vombates teriam uma *cosmologia*. E os muros de fezes deveriam, portanto, ser compreendidos como elementos essenciais dessa cosmologia; atestariam não só sua existência, mas sua provável grande complexidade.

Longe de limitar-se a ser uma signalética voltada para os congêneres e aos demais viventes, o que são de fato, e igualmente longe de resumir-se a formas literárias semelhantes àquelas das formigas feromônicas, ou àquelas que os humanos gravavam em tabuletas de argila, os muros fecais constituiriam mensagens dirigidas a entidades cuja existência os vombates teriam adivinhado, sentido, percebido, imaginado, convocado – divindades ou ancestrais, ou talvez até divindades *e* ancestrais, que teriam, eles mesmos, deixado rastros, ainda presentes e ativos, das próprias pulsões criadoras.

Esses seres das profundezas, esses seres das tocas, teriam inventado, por meio de seus muros, outras tantas maneiras de ligar a Terra e o cosmos. Os muros constituiriam então relatos polifônicos, poesias materiais químicas e formais, dirigidas a seres múltiplos, passados e presentes, talvez até a seres do porvir: formariam uma *cosmopolítica fecal*.

Cada muro deveria então constituir o elo de uma rede cuja extensão podemos apenas imaginar. Ou múltiplos elos, cada cubo fecal podendo ele próprio contar: um composto teológico feito de sementes, cogumelos, raízes, ervas e cascas – a transubstanciação mais terrestre e a mais imanente que a teologia jamais poderia ter inventado. As redes das inúmeras galerias dos vombates seriam correspondidas, na superfície, por uma rede igualmente densa, igualmente imanente, de poderes orgânicos ligados ao cosmos.

Essa hipótese confere hoje uma forma resolutamente inovadora para as pesquisas. Pois a manifestação daquilo que havia sido permitido pelos vombates em residência deverá obrigatoriamente ser encontrada em outros lugares, nas florestas montanhosas, tanto do sul quanto do norte. Cabe agora a nós buscar essas redes, descobrir o motivo orquestrado dessas orientações. Será também preciso levar em conta o que traduzia a abstinência dos vombates em cativeiro: ao perder todos os vínculos com os coletivos, teriam se tornado incapazes de se "religar" e de efetuar os gestos que "religam" (o que indubitavelmente fazem os rituais e os gestos religiosos).

Será preciso rever tudo aquilo que pensávamos saber a respeito dos vombates. Esses animais, que julgávamos relativamente solitários, são na verdade profundamente sociáveis. Já o haviam comprovado de modo convincente ao oferecer asilo a outros, *sem levar em conta as espécies*, durante a temporada dos incêndios. Mas se a hipótese de Bird estiver correta, a sociabilidade dos vombates se estenderia para muito além da esfera dos seres visíveis. Seus muros assumiriam muitas outras narrativas, cuja infinita riqueza caberá a todos nós descobrir. E, por que não, caso os vombates se mostrem favoráveis a essa ideia, acrescentar a eles nossas próprias narrativas.

CAPÍTULO 3

AUTOBIOGRAFIA DE UM POLVO OU A COMUNIDADE DOS ULISSES

Pois é pela escrita que há o devir-animal, pela cor o devir-imperceptível, pela música o devir que se torna duro e sem lembrança, ao mesmo tempo animal e imperceptível: enamorado.[1]

GILLES DELEUZE E FÉLIX GUATTARI

Tudo está dito nas narrativas das coisas terrestres, porém cabe a nós articulá-las, intensificar seu significado e acompanhar as propostas que carregam com elas; em suma, inventar novos sentidos que nos definam como coisas terrestres entre outras.[2]

DIDIER DEBAISE

1 G. Deleuze, F. Guattari, *Mille plateaux. Capitalisme et schizophrénie 2*, p. 229-230. [Ed. bras.: *Mil platôs. Capitalismo e esquizofrenia, vol. 4.* Tradução de Suely Rolnik. São Paulo: Editora 34, 1995]. (N.A.)

2 Didier Debaise, "Le récit des choses terrestres. Pour une approche pragmatique des récits", *Corps-Objet-Image*, n. 4, 2019, p. 17. (N.A.)

A ASSOCIAÇÃO DE THEROLINGUÍSTICA clássica foi contatada há algum tempo por uma comunidade de pescadores que trabalha nas calanques[3] de Cassis. Esses pescadores haviam encontrado, sobre restos de cerâmica, fragmentos de texto com uma escrita desconhecida. Identificou-se que a tinta empregada era a de um polvo comum (e não a de uma Sépia do Atlântico,[4] como se cogitou a princípio, devido à caligrafia extremamente fina). A análise genética permitiu concluir que esses fragmentos eram obra de um único e mesmo autor – o que *a priori* parecia, no entanto, contrariar algumas variações da caligrafia de um fragmento para outro. Foi então solicitado que a Associação realizasse sua tradução. Numa primeira análise, parece se tratar de um texto literário escrito, segundo acreditamos, sob a forma de aforismos, embora não seja possível ter certeza – a característica fragmentária, logo, aforística, talvez decorra da ausência de muitas partes, as quais podem tanto ter sido perdidas quanto apagadas pelo tempo ou pelas águas.

Até hoje, nunca havíamos confrontado esse tipo de arquivo – e, embora se tratasse de tinta de polvo, nada comprovava que um polvo fosse realmente o autor desses escritos. Além disso, ainda que a escrita possa existir entre os polvos, até onde se sabe ela sempre fazia parte, deliberadamente, das artes do êfemero. Seja fazendo uso da tinta sem suporte, por meio de simples projeções na água, seja desenhando motivos narrativos coloridos na própria pele ao capturar a luz – não há tatuagens mais fugazes que essas –, parece que esses animais sempre

3 Uma calanque é um acidente geográfico encontrado às margens do Mediterrâneo, com a forma de uma baía, enseada ou angra, de lados escarpados, formando um vale. (N.T. e N.R.T.)

4 Sépia do Atlântico (*Sepia officinalis*): molusco cefalópode bastante comum, de vinte a trinta centímetros, dotado de oito braços, além de dois tentáculos em volta da cabeça, todos com ventosas. Possui uma concha interna que serve de flutuador. (N.T.)

estiveram preocupados em não deixar *nenhum rastro perene*. Isso, segundo os pescadores que nos alertaram, não seria surpresa: os polvos são mestres na arte da "furtividade", seriam inclusive seus grandes inventores. Mudam de forma e de cor continuamente, e o uso que fazem dos espaços não escapa a essa regra: os únicos hábitos reconhecíveis entre os polvos, dizem ainda os pescadores, é a mania de sempre romper com eles. Não usam a mesma toca por mais de alguns dias e, durante suas excursões fora do abrigo, cuidam zelosamente de nunca retornar pelo mesmo trajeto feito na ida.

Caso o texto tivesse sido escrito por um polvo, esse acontecimento seria então o sinal de uma evolução, pois a história do ser vivo não cessa de nos surpreender. Alguns polvos já nos haviam fornecido um exemplo magistral disso ao invalidar, ao menos em caráter pontual, sua reputação de nomadismo e de "furtividade" (e, consequentemente, a de sua inapetência pela vida social), confirmando assim sua imprevisibilidade: de fato, nossos colegas theroarqueólogos localizaram vestígios de verdadeiras aldeias sob a água, os quais podem ser datados de meados do século XX ao início do século XXI. Suas escavações revelaram sinais indiscutíveis de construções e de vida coletiva em três sítios arqueológicos: o primeiro nas cercanias da ilha de Porquerolles, na França e os dois outros na baía de Jervis, na Austrália – embora essas últimas aldeias, batizadas de Octlantis e Octópolis, não sejam obra de polvos comuns (*Octopus vulgaris*), mas de *Octopus tetricus*.[5]

5 Soubemos recentemente, por ocasião das pesquisas efetuadas para melhor conhecer os polvos, que essas escavações na verdade se limitavam a redescobrir locais agora desertos. Esses locais já eram bem conhecidos à sua época, e conseguimos identificar duas descrições que os retratam num estado quase idêntico àquele encontrado pelos theroarqueólogos (exceto pelo fato de parecerem abandonados há muito tempo). O sítio de Porquerolles havia sido descrito por Jacques Yves Cousteau e Frédéric Dumas no

No entanto, nada nesses vestígios – nem cerâmicas, nem cacos, nem conchas – guardava qualquer sinal de alguma escrita. Não dispúnhamos até aqui de nenhum rastro escrito perene deixado pelos polvos. Isso não significa que não existam – as pesquisas em therolinguística clássica registram um grande atraso a esse respeito, em parte devido às dificuldades de observação. Mas isso apenas muito parcialmente, já que nossos predecessores, é preciso reconhecê-lo, foram por longo tempo induzidos ao erro por conta da convicção, herdada da biologia do século XX, de que os jatos de tinta lançados pelo polvo se resumiriam a estratégias de camuflagem sem qualquer valor expressivo. Aceitando-se essa concepção, no caso do encontro com um predador, a tinta teria como objetivo criar um anteparo, atrás do qual o polvo poderia se dissimular até ter tempo de modificar sua forma e cor, para reaparecer, em seguida, *irreconhecível* aos olhos desse mesmo predador. O recurso a esse estratagema demonstrava o domínio que os polvos têm da grande arte dos ilusionistas. Pois foi proposta outra hipótese, que concedia aos polvos, embora de maneira tímida, uma forma de expressividade deliberada. De fato, foi observado que o pigmento se dissolve muito lentamente e que, com frequência, a tinta que permanece em suspensão na água forma uma esfe-

livro *Le Monde du silence* [Ed. bras.: *O mundo silencioso*, p. 200], em 1953; o sítio de Jervis foi descrito em artigo datado de 2017 (D. Scheel et al., "A Second Site Occupied by Octopus tetricus at High Densities, with Notes on their Ecology and Behavior"). Em Porquerolles, o espaço vital estava constituído por verdadeiras mansões. Na entrada de uma delas, o teto achatado feito de uma pedra plana sustentada por duas traves de pedras e tijolos se conectava com uma muralha feita de seixos, cacos de vidro ou cerâmica, conchas e restos de ostras. Imagina-se que, no caso de Octópolis, um objeto metálico tenha caído de um navio. Polvos teriam aproveitado para instalar-se embaixo dele e trazer diversos materiais, como conchas de vieiras, que teriam se acumulado e servido para a construção de novas casas. (N.A.)

ra bastante densa, terminada por uma espécie de rabo. Essa bola agiria como chamariz para o predador, ao imitar de modo bastante fiel a silhueta de seu autor – levando assim seu perseguidor a "confundir a presa com sua sombra".[6]

Essa segunda hipótese merecia ser melhor explorada. De fato, a tinta, por meio dessa figura que serve para atrair o predador, não apenas esconde, mas também mostra "outra coisa". Logo, ela poderia ser algo *dito* pelo polvo, ou, para usar uma palavra mais exata, já que se trata de tinta, algo *escrito* pelo polvo. Nossa intuição a esse respeito foi reforçada ao assistirmos a imagens registrando essa estratégia em vídeo. Uma das pesquisadoras, que havia se especializado na história da theroliteratura ilustrada, observou a notável semelhança da forma produzida com os filactérios.[7] Caso essa convergência não fosse fortuita, estaríamos certamente lidando com algo muito além de uma mera estratégia de camuflagem – ou então seria preciso rever seriamente a própria noção de camuflagem. E se se tratasse do mesmo modo que um filactério, de um comentário, uma mensagem, uma assinatura? Em suma, tudo nos conduzia à ideia de que essas nuvens de tinta tanto poderiam remeter a práticas textuais quanto a práticas picturais. Ignorávamos se essa ideia tinha algum fundamento do ponto de vista biológico: seria possível imaginar seriamente que a produção da tinta, pelo polvo, teria sido selecionada ao longo da evolução para lhe possibilitar a escrita?

Lembramos então que os pioneiros da therolinguística já haviam sido confrontados com essa questão da escrita entre as

6 Nas palavras de Cousteau e Dumas, op. cit. (N.A.)

7 Chama-se filactério cada uma das duas caixas ou estojos que armazenam uma pequena faixa com trechos da Torá. Na prática religiosa judaica, são portadas na testa ou no braço esquerdo em momentos de prece específicos. (N.T. e N.R.T.)

formigas – a descoberta decisiva de nossa história! Seria concebível encarar a escrita, entre os animais – e sobretudo entre aqueles tão afastados dos humanos – como o resultado de uma pressão seletiva? A therolinguística encontrou um precursor para seu campo, um filósofo do século XXI apaixonado pela arte do rastreamento, isto é, pela *arte de ler os rastros deixados deliberadamente pelos animais*: Baptiste Morizot.[8] Mesmo sem dispor na época das ferramentas para a análise literária, Morizot havia, no entanto, afirmado que esses rastros possuíam um valor expressivo complexo, aparentado a alguma forma de escrita que, segundo sua intuição, seríamos um dia capazes de traduzir. Apaixonado por biologia evolutiva, ele acreditava também que esse valor expressivo confirmaria um processo denominado por Stephen Jay Gould,[9] paleontólogo e biólogo evolutivo, de "exaptação" ou "adaptação seletiva oportunista".

Segundo essa teoria, uma característica pode ter sido selecionada para uma determinada função, como as penas que forneceriam aos ancestrais das aves uma melhor termorregulação, e ser posteriormente "desviada" de modo "oportunista" para outra função, o voo, por exemplo, e depois se tornar, por meio de outro desvio, um "traje de gala". Isso ocorreu com inúmeros comportamentos os quais podemos considerar que, em sua origem, foram selecionados por favorecerem a sobrevivência, mas que se mostraram em seguida úteis para outros fins, por outros motivos. Assim, escrevia Morizot, a vida oferece aos seres vivos uma formidável reserva de liberdade – uma pena emerge: praticamente

8 Baptiste Morizot (1983-) é um filósofo francês que se dedica a pensar sobre e com os animais. (N.R.T.)
9 Stephen Jay Gould (1941-2002) foi um paleontólogo, biólogo e historiador das ciências estadunidense. Ferrenho opositor do neodarwinismo e da sociobiologia, deixou como legado imensas contribuições para a divulgação dos desafios e especificidades da biologia evolutiva. (N.R.T.)

uma infinidade de possibilidades se abre para os pássaros. E, ainda segundo Morizot, é justo essa reserva de possibilidades herdadas da capacidade de deixar rastros que poderia estar na origem de modalidades de expressão mais sofisticadas.

Os therolinguistas tinham encontrado seu precursor, pois essa hipótese de Morizot poderia explicar, segundo as leis da evolução, o surgimento da escrita entre as formigas. As secreções seriam primeiro o resultado de meros processos fisiológicos e teriam sido desviadas em seguida para desempenhar funções de comunicação – as exsudações podem então marcar o caminho sob a forma de traços odoríficos, podem influenciar congêneres; constituem uma assinatura que permite diferenciar a amiga da estrangeira. Em algum momento da evolução, essa capacidade de "deixar rastros" pode mais uma vez ter sido desviada e se tornado disponível para novos usos: por exemplo, a possibilidade de contar o que aconteceu no caminho de volta para o formigueiro, que foram encontrados cupins, que é melhor evitar aquele trecho ou então ir em grupo, que houve medo, em suma, a possibilidade de transmitir um relato, sempre por meio dos feromônios. A partir daí, então, a possibilidade talvez de imaginar, de inventar, até chegar a constituir, graças a uma química cada vez mais expressiva e sofisticada, um meio formidável para uma formiga rebelde legar uma poesia panfletária para a posteridade.

Caso um raciocínio semelhante fosse aplicado aos usos da tinta, não poderíamos então imaginar um roteiro similar, que explicasse a invenção de uma escrita entre os polvos? Se retomarmos as duas hipóteses admitidas pelos biólogos do século XX, vamos aceitar que o hábito dos polvos de formar um anteparo para dissimulá-los teria se desenvolvido *numa primeira fase da evolução*, e, sob o efeito de terríveis pressões seletivas, como uma estratégia formidável para iscas antipredadores.[10] A intensa pressão predatória que pesa sobre eles[11] deve ter favorecido uma complexificação crescente desse uso, transformando-o em outra artimanha, a de criar iscas – a tinta que desenha a silhueta de um polvo. Uma vez adquirida essa estratégia da isca, ela pôde ser mais uma vez desviada para um novo uso, a capacidade de comunicar conteúdos, quiçá até de inventá-los – a isca pôde se tornar filactério. Nessa perspectiva, a escrita sobre um suporte já não estaria longe; parece cada vez mais verossímil que tenha passado a integrar o repertório dos polvos.

10 Se o abandono da concha protetora ofereceu aos cefalópodes uma incomparável liberdade de movimentos, isso os colocou diante de problemas reais em relação aos predadores. Isso significou uma pressão seletiva poderosa, que levou o polvo a desenvolver órgãos capazes de modificar o esquema corporal (cor, forma, textura), chegando até a se disfarçar de presas pouco apetitosas. As alterações de forma são espetaculares: um polvo é capaz de se enfiar numa fenda apenas levemente maior do que o tamanho de seu olho, ou de se transformar num míssil aerodinâmico. O filósofo do século XXI Peter Godfrey-Smith (*Le Prince des profondeurs*) dizia que o corpo do polvo era "desencarnado": ele realmente possui um corpo, mas esse é "pura possibilidade". (N.A.)

11 Nossas leituras dos biólogos especialistas em polvos nos ensinam que esses animais são alvo de um número tremendo de predadores, e que sua sobrevivência muitas vezes está por um fio. A sobrepesca em vigor desde o século XIX não facilitou as coisas para eles. "*Live fast, die young*" caracteriza seu modo de vida, "sempre em perigo". Esse "Viva rápido, morra cedo" remete à sua expectativa de vida notavelmente curta, não somente devido riscos que correm, mas também porque morrem com no máximo dois anos, logo depois da reprodução, como se fosse um sistema de autodestruição específico. As mães cuidam dos ovos até estes eclodirem, às vezes durante muitos meses, e morrem de esgotamento e de desnutrição logo após a eclosão – os polvos já nascem órfãos e terão de aprender tudo sozinhos. Os machos apresentam uma senescência muito rápida, e tampouco viverão mais tempo – no momento da maturidade sexual, ocorre uma paralisação dos processos de crescimento em prol dos tecidos reprodutivos, as glândulas digestivas param de funcionar a contento e os tecidos cerebrais degeneram, bem como os tecidos cutâneos. Enfraquecidos, mais lentos, tornam-se uma presa fácil para seus predadores (J. Mather, "Behaviour Development: A Cephalopod Perspective"). (N.A.)

Ao prosseguir em nossas pesquisas, percebemos que era igualmente verossímil que outras estratégias de camuflagem tivessem tido um destino similar entre os polvos. Não deveríamos então imaginar que os polvos inventaram não apenas uma, mas *duas* técnicas de escrita?

Sabemos que, por meio da camuflagem, esses animais conseguem se confundir com os elementos de seu meio, sua pele podendo adotar as cores e imitar a textura do entorno. Ora, por muito tempo, essa competência representou um enigma: como é possível que os polvos modifiquem sua coloração em função do meio, apesar de seus olhos não estarem equipados para discernir as cores? Os biólogos do início do século XXI propuseram uma hipótese apaixonante: os polvos detectam a luz pela pele.[12] Células fotossensíveis que integram a pele capturam as ondas luminosas e transmitem a informação até as diferentes células cromatóforas, células "portadoras de cores". Essas células cromatóforas contêm sacos de pigmentos de cores distintas que se contraem ou se dilatam sob efeito da luz, o que permite ao polvo sentir, na própria pele, as qualidades cromáticas daquilo que o cerca. Ao mudar de cor, mesmo de modo pouco intenso e contínuo, o polvo registra então o ambiente cromático. Em suma, os polvos "enxergam pela sua aparência". O sentir traduzido por essa aparência que captu-

12 Em seu prefácio para a tradução francesa do livro de P. Godfrey-Smith (op. cit.), Jean Claude Ameisen menciona outra hipótese, sugerindo uma alternativa que apareceu recentemente. Essa alternativa questiona a ideia de que os olhos dos polvos não perceberiam as cores pelo fato de disporem de um único tipo de fotorreceptor. Um físico astrônomo e seu filho biólogo (Christophe e Alexandre Stubbus) notaram em 2016 que o formato particular das pupilas dos polvos permite a dispersão das distintas faixas de ondas luminosas que atravessam o cristalino. De nossa parte, consideramos que essa hipótese não exclui de modo algum a primeira, e que se trata de um feliz acaso o fato de ela ter sido proposta mais tardiamente. Caso tivesse prevalecido logo de início, podemos efetivamente duvidar que a primeira tivesse tido qualquer chance de ser sequer *imaginada* por cientistas humanos, eles próprios muito dependentes da visão em suas relações com o mundo que *observam*. (N.A.)

ra o ambiente dá a eles informações sobre as variações do aspecto do ambiente. Numa organização dessas *aparências sensacionais*, os polvos "carregam o mundo na própria pele".[13]

Ora, se retomarmos as proposições de Morizot, percebemos que poderia ter ocorrido essa subversão dos furtos de aparências, esse desvio a favor da expressividade: o polvo teria, em dado momento, desviado essa capacidade de fazer mundo com a luz das coisas não somente para enxergar, mas *para não ser visto*. É a camuflagem. O que constituía uma forma de concordância das aparências a serviço da sensação teria então permitido criar aparências intencionais ou, mais exatamente, *aparências endereçadas*, no regime das iscas.[14] Uma nova astúcia: confundir-se com o meio, ser visto como *um outro* para não ser visto como *si mesmo*.

Não se trata, no entanto, de imitação, mas de uma verdadeira operação de captura pela qual o polvo "faz mundo com as linhas de um rochedo, da areia e das plantas, para devir imperceptível"[15] – uma "cosmética cósmica", como a nomeava lindamente o teórico da estética Bertrand Prévost, outro de nossos grandes precursores. Essa versão da camuflagem enquanto captura se mostrava crucial para nós, therolinguistas. Pois ela recolocava a questão da adaptação ao vinculá-la à questão bem mais interessante da criação – não é esse o objeto de todas as nossas investigações? De fato, se pensarmos em termos de captura, ao se camuflar, o polvo muito mais se apropria de um número de elementos de seu meio do que se "torna apropriado" ao meio: ele captura a luz para modificar suas cores; as texturas, para meta-

13 Para tentar compreender os vínculos entre a escrita e a camuflagem, encontramos indicações muito interessantes pelo lado da filosofia estética do século XXI, particularmente em um belíssimo artigo de Bertrand Prévost ("Camouflage élargi. Sur l'individuation esthétique", *Aisthesis: Pratiche, linguaggi e saperi dell'estetico*, v. 9, n. 2, p. 7-15, 2016.) (N.A.)

14 Sobre as aparências endereçadas, ver A. Portmann, *La Forme animale*. (N.A.)

15 G. Deleuze, F. Guattari, op. cit, p. 64. (N.A.)

morfosear a aparência da própria pele; as formas, para se "conformar" de outro modo. E esse gesto é menos adaptativo do que criador.[16] Há um mundo inteiro em cada isca. Por meio dessas iscas, o polvo exibe, manifesta, sua potência plena de vivente: "*ele é rico em mundo.*"[17]

E esse mundo poderia então (novo desvio criador) se tornar objeto material e semântico de escrita – não apenas seu simples suporte, menos ainda um modelo cuja produção mistificadora constituiria somente uma vaga cópia. Com essa nova possibilidade oferecida por sua pele, o polvo teria colhido os elementos do ambiente não mais para se apagar, fazer corpo com ele, mas para dizer, logo, para escrever alguma coisa. O furto de aparências em busca da expectativa de não ser visto (fazendo com que se veja *outra coisa* que não ele) teria, então, sempre seguindo essa linha exaptativa do tornar-se, originando uma nova subversão em prol de outras modalidades expressivas: para o polvo, trata-se agora de ser visto. As mudanças cromáticas da pele teriam, assim, se encarregado da expressão dirigida não mais ao que ocorre no exterior, mas no *interior*: a partir daí, o polvo é capaz, por meio de sua aparência, de tornar visíveis suas emoções, sua tranquilidade, sua raiva ou seu medo, seus desejos, seus prazeres – cores claras e cintilantes para as paixões felizes, sombrias e sem matizes para as tristes.

A conversação com o meio se enriquece, os polvos se divertem até não poder mais, o que se traduz entre eles por esse "tagarelar cromático contínuo", essa "excentricidade expressiva" que constituiria, ainda de acordo com Peter Godfrey-Smith, "uma *linguagem* visual", com uma gramática, uma semântica próprias e as

16 O que daria plena razão a Gabriel Tarde, o qual, contra a ideia de adaptação, diz que o ser vivo tende a se apropriar do mundo, e não a se adaptar a ele (B. Prévost, op. cit.). (N.A.)
17 Idem. (N.A.)

infinitas possibilidades de contar alguma coisa. Dentre os inúmeros documentos em vídeo aos quais tivemos a oportunidade de assistir, um deles nos tocou particularmente. Via-se nele uma jovem polvo, Heidi, sonhando enquanto dormia: uma história inteira passou diante de nossos olhos, uma história que mal podíamos acompanhar, seguindo as cores que se alteravam continuamente (e também, é preciso reconhecê-lo, com a ajuda dos comentários do cientista anfitrião),[18] em suas muitas reviravoltas – em seu sonho, ela teria visto um caranguejo, e suas cores foram do branco a um amarelo pálido. De repente, seu corpo inteiro se torna cinza muito escuro, o que fazem os polvos que deixam o fundo do mar. Em seguida, sempre conduzida pelo sonho, eis que agarra o caranguejo. E novamente, aqui, outros motivos se impõem: deve agora usar a camuflagem para poder lidar tranquilamente com sua caça. Vai então, sempre imóvel, mas agora vestida de um verde semelhante ao das plantas que formam sua paisagem onírica, sentar-se em algum canto para, sem ser vista, poder degustar a presa. Assim, por suas cores, pelo jogo sobre as aparências, os polvos contariam histórias. E talvez, por que não, como comprova esse sonho, suas fabulações?

Afinal, esse jogo sobre as aparências não seguiu os mesmos desvios que a própria atividade de jogar? Os animais que brincam interessaram de modo especial os therolinguistas, pois estes consideraram o jogo um possível precursor do ato literário – uma teoria baseada num longo estudo sobre a poesia simbólica canina, feito por um de nossos precursores. Essa poesia, segundo ele, não era tanto o efeito de sua longa coabitação com os humanos (hipótese demasiado antropocentrista), mas o produto da forte propen-

18 Ver vídeo de David Scheel, disponível em <www.youtube.com/watch?v=0vKCLJZbytU>. (N.A.)

são (e do real talento) dos cães para a brincadeira. Graças às suas dimensões fabuladoras, suas possibilidades de afastamento em relação à realidade das situações, o jogo não seria a testemunha ideal dessa formidável reserva de liberdade comentada por Morizot? O jogo não apenas é testemunha dessa liberdade, ele ao mesmo tempo *oferece* essa liberdade, essa emancipação dos seres e das coisas daquilo que usualmente são.[19]

Encontramos na brincadeira todas essas características da aventura exaptativa. Comportamentos forjados no quadro da luta pela sobrevivência (frequentemente ligados à agressão e à predação) são desviados a serviço do jogo (perseguir, morder, gritar, fingir, submeter-se etc.). Esses comportamentos emprestam agora sua *forma* ao novo acontecimento constituído pela brincadeira – esses gestos se tornam *formais*, pura forma, adquirem um novo significado, um novo valor, da ordem do "como se", da arte e da graça do "faz de conta", pela pura graça do jogo. Estamos ainda no reino do artifício, mas onde o "faz de conta" prevalece sobre a "falsa aparência". E o artifício aqui é total, afeta tanto aquele que o executa – cujo corpo adere completamente a esse tornar-se "outro" – quanto aquele a quem o artifício é dirigido, que vai fingir acreditar, e, portanto, vai acreditar nessa metamorfose, entrando no jogo. O artifício é total, mas ninguém se engana. No jogo, tudo está a serviço da fabulação: o que era gesto de ameaça se torna convite; a perseguição, no

19 Ressaltamos que a poesia dos cães (que remete, segundo nossas categorias, à literatura dita "objetal") consiste no ordenamento de objetos, os quais adquirem assim, por meio desse arranjo de tipo sintático, um alto valor metafórico e simbólico. De modo bastante surpreendente, uma ensaísta do século XX (a adestradora de cães e cavalos Vicki Hearne) teve uma brilhante intuição sobre sua existência entre os *airedale terriers*, mas, na época, suas observações foram alvo de zombarias e acusações de antropomorfismo (V. Hearne, *Animal Happiness*). Por outro lado, as formigas apresentam um caso específico que mereceria certamente outra história evolutiva. (N.A.)

modo do "faz de conta", vira incitação; o grunhido, expressão de alegria, sem contar a inversão permanente das relações de força. Alegres subversões. Cada um desses jogos remete então a um ato de criação. Transformam os animais não só em grandes artistas, mas também em dramaturgos talentosos – já que brincar exige um cenário, a escolha de papéis, um sentido do diálogo, roteiros e, sobretudo, imaginação para instalar essa peça, incorporar esses papéis, escrever em tempo real e com os outros, na graça do improviso, esses diálogos e roteiros.

Já aludimos a isso, os therolinguistas sustentam a hipótese de que a escrita, e, portanto, as diversas formas literárias ou poéticas de muitos animais, pode ter origem no jogo. Por obra de um novo desvio das potências da ficção que se desenvolveram a partir do jogo, o gesto lúdico teria, num dado momento da evolução, sido colocado a serviço da arte da narrativa. Aquilo que estava em ação na arte de brincar se tornou disponível para uma arte de fabular, de narrar, de inventar possíveis – os "basta fazer de conta que" tão conhecidos das crianças, e depois para a arte (ou a necessidade, ou a alegria) de escrever aquilo que estava sendo contado. Eis porque muitos animais com o dom da brincadeira também são animais literários – desde as aranhas e

É difícil comentar muita coisa a esse respeito, pois raras (porém não excepcionais) foram as que escreveram. Os fragmentos analisados por nossos antecessores revelam uma poesia muito concreta, muito ligada à materialidade das coisas, pouco voltada para os símbolos. Além disso, até onde sabemos, as formigas (diferentemente das cigarras) são pouco brincalhonas. No entanto, a dimensão "emancipadora" caracteriza as obras que foram encontradas, porém sob outra forma. A poesia panfletária afirma uma resistência ao estado das coisas, uma recusa do provável em prol do possível (era exatamente o que sobressaía da tradução do texto das sementes de acácia, em particular a ironia revolucionária da estrofe "comer os ovos!"), e afirma também que os papéis devem ser redistribuídos (bem expresso em "Abaixo a Rainha!", caso essa tradução seja aceita), o que nos parece ser o suporte, o próprio fundamento subversivo, de todo ato de brincadeira – desapropriar e reapropriar, continuamente, emancipar cada coisa de seu ser (ou de seu papel). (N.A.)

as cigarras, como já demonstraram nossos colegas da associação Ciências Cosmofônicas e Paralinguísticas, até os cães e os pinguins-de-adélia, estudados pelos pioneiros da therolinguística.

Se essa hipótese não pode se aplicar a todas as criaturas (algumas seriam poetas desde a origem, outras escrevem, mas apreciam pouco as brincadeiras), nos parece que ela é particularmente adequada no caso dos polvos. Entre os polvos, já o vimos, a arte do artifício – isto é, destaquemos uma vez mais, ao mesmo tempo a arte da ficção ("*produzir ser a partir do nada, no desejo de outro*", como propunha Étienne Souriau)[20] e a arte do jogo subversivo com a realidade – pôde se colocar a serviço de outras potências fabuladoras, como aquelas que guiam a escrita das narrativas.

Em apoio a essa teoria, é preciso acrescentar que não somente os polvos, segundo nos disseram os pescadores, são levados e brincalhões por natureza, mas também que, e contrariamente ao que ocorre com muitos mamíferos, a brincadeira entre essas criaturas não diminui com a idade. O jogo não possuiria, portanto, nenhuma das funções adaptativas que lhe foram muitas vezes atribuídas, como aquela de preparar o futuro exercendo competências que se mostrarão úteis quando as coisas ficarem sérias: o jogo corresponderia antes à manifestação de *uma relação livre e criadora com o mundo e as coisas*. Talvez, no caso específico dos polvos, seja até uma expressão teimosa dessa liberdade.

Poderíamos, então, reler as histórias que circularam a respeito dos polvos nos laboratórios ou nos aquários onde foram por muito tempo mantidos em cativeiro – e hesitar, no que se refere à sua interpretação, entre a versão lúdica da criatividade e a expressão teimosa e determinada da liberdade. Assim foi com o polvo que a universidade de Otago, na Nova Zelândia, final-

20 É. Souriau, *Le Sens artistique des animaux*, 1965, p. 99. (N.A.)

mente resolveu devolver ao mar, depois de este ter, de modo deliberado, e por reiteradas vezes, provocado curtos-circuitos gigantescos e muito dispendiosos ao jogar água nas lâmpadas elétricas do teto.[21] Esse polvo teve imitadores, particularmente Otto, no Sea Star de Coburgo, na Alemanha. O polvo estudado no início do século XX pelo filósofo Stefan Linquist tinha, por sua vez, o hábito de abrir as comportas de seu aquário, inundando o laboratório. O polvo do aquário de Brighton, embora dispondo de farta alimentação, aproveitava a noite para sair de seu aquário (descobriu-se que ele era capaz de abri-lo) e ir buscar peixes-lapa[22] em outros reservatórios.[23]

Conta-se que alguns esperavam pela passagem de visitantes (ou, no caso de polvos de laboratório, de seu experimentador) para lançar jatos de água potentes na direção deles. No laboratório da Universidade de Otago, os polvos estavam visivelmente tomados de antipatia por um cuidador; a cada vez que este passava próximo ao aquário, recebia mais de dois litros de água no cangote – os polvos manifestam assim uma competência que será demonstrada em experimento algum tempo depois: a de serem capazes de reconhecer individualmente os humanos, até quando todos estão vestidos do mesmo modo.[24] Descobriremos também,

21 J. C. Ameisen in P. Godfrey-Smith, op. cit. (N.A.)

22 Peixe-lapa (*Cyclopterus lumpus*): peixe com ventosas ventrais, comum no Atlântico e valorizado comercialmente. (N.T.)

23 J. Mather, op. cit. (N.A.)

24 "O fato de que os polvos podem reconhecer os indivíduos humanos serve para recordar uma vez mais aquilo que os cientistas e os cuidadores formam com os animais, e que Davis e Balfur chamavam de 'o laço inevitável', pois o que acontece em suas interações vai muito além do simples fornecimento de alimentos ou de estímulos para os testes experimentais [...]. Nossos resultados nos lembram que uma relação assim pode se formar entre seres tão afastados filogeneticamente quanto os humanos e os polvos." (R. Anderson et al., "Octopuses *(Enteroctopus dofleini)* Recognize Individual Humans", *Journal of Applied Animal Welfare Science*, v. 13, n. 3, p. 261-272, 2010, p. 270). (N.A.)

por meio de experiências similares nas quais os polvos são convidados a "brincar de escapar", que eles sabem muito bem quando estão sendo observados ou quando estamos de costas para eles – ferramenta elementar do oportunismo em qualquer estratagema: saber o que o outro não percebe para melhor enganá-lo.

Os cientistas e os cuidadores daquela época afirmavam também que um termômetro colocado dentro de um aquário com polvos tem uma vida média estimada em dez minutos. Charles, um dos polvos estudados nos anos 1950 pelo biólogo (teoricamente muito próximo de Skinner) Peter Dews, precisou aprender a puxar uma alavanca para receber uma recompensa. Uma lâmpada, colocada acima do aquário, era acesa para avisá-lo. Depois de alguns dias, Charles, um polvo de fato bem pouco behaviorista, decidiu dobrar a alavanca, em vez de acioná-la, e conseguiu quebrá-la ao fim de onze dias, comprometendo seriamente o futuro da ciência. Decidiu em seguida que a lâmpada merecia a mesma sorte, então arrancou-a com um de seus tentáculos e jogou-a no reservatório. Fim da experiência – os polvos são intensamente motivados por essa convicção quase kafkiana: sempre há uma saída.[25]

As histórias são fartas e deixam em aberto se trata-se de jogos, farsas ou guerra de desgaste. Em contrapartida, fica claro que, para os polvos, tudo pode servir de material para exploração lúdica (os termômetros poderiam se enquadrar nessa categoria). Ao encontrarem uma pequena garrafa plástica boiando na superfície de seu reservatório, os polvos se divertiram por bastante tempo, projetando-a com poderosos jatos de água em direção ao sifão do aquário, o que a fazia retornar para eles, e esse jogo poderia assim continuar indefinidamente. Apresentem

25 Nesse contexto, lembremos o Kafka de "Um relatório para uma academia", disponível, por exemplo, em: <https://joaocamillopenna.files.wordpress.com/2014/08/kafka-relatc3b3rio-para-uma-academia.pdf> (N.A.)

um objeto a um polvo, dizem ainda os estudiosos, e ele logo vai passar da pergunta "que coisa é essa?" a "o que posso fazer com ela?" –[26] uma questão respondida pelo jogo, que emancipa as coisas de seu ser, em um fluxo incessante de desapropriações--reapropriações.

Basta de anedotas. Tendo em vista tudo o que já tínhamos aprendido e o imenso interesse despertado por essa descoberta nas calanques, era imperativo encontrar os meios de concluir essa tradução. Um longo trabalho de coleta de fragmentos de escrita furtiva nos aguardava. Considerando a especificidade material da mensagem, deixamos de lado as escritas cosméticas (ou cromáticas) – as tatuagens efêmeras –, as quais, apesar de seu elevado interesse, nos parecem constituir um gênero literário distinto, para focarmos nas práticas com tinta. As videotecas universitárias tinham armazenado muitíssimos registros, pois os polvos vinham fascinando um grande número de cientistas desde fins do século XX. Foi possível coletar inúmeras sequências de escrita por jatos, e dispomos atualmente de um banco de dados bastante impressionante, com fragmentos de literatura gráfica cefalopódica. Esses registros formam agora uma coleção considerável de trechos poéticos ou literários. Isso permitiu estabelecer um dos léxicos mais completos de nosso *corpus*, levando em conta todas as línguas e espécies já estudadas.

No entanto, um léxico não faz uma língua nem revela o espectro quase infinito de seus usos. Se nossas ferramentas podem oferecer uma tradução relativamente confiável, termo a termo, para esses fragmentos redescobertos, essa tradução permanece, no

26 M. Kuba et al., "When Do Octopuses Play? Effects of Repeated Testing, Object Type, Age and Food Deprivation on Object Play in *Octopus vulgaris*", *Journal of Comparative Psychology*, v. 120, n. 3, p. 184-190, 2006, com esse "Food Deprivation" [Privação de comida], que fala muito sobre as práticas científicas do início do século XXI. Restava aos cientistas um longo caminho a ser percorrido, até se livrarem do behaviorismo... (N.A.)

entanto, muito literal. Seu caráter sibilino, o estilo aforístico e a ausência de algumas formas gramaticais por meio das quais um sentido pode se impor em várias de nossas línguas tornam sua interpretação muito complexa, e ainda mais difícil pelas muitas lacunas existentes em nosso conhecimento dos polvos.

*

Os therolinguistas já haviam sido confrontados antes com essa dificuldade, quando theroarqueólogos identificaram rastros de exsudações feromônicas de borboletas-monarcas sobre folhas secas de asclépias,[27] na região do México. Traduzidas literalmente pelos pesquisadores de nossa associação, essas mensagens não pareciam *a priori* significar grande coisa, e seu sentido era ainda mais distante, pois se referiam de modo muito provável a uma cosmologia que lhes era totalmente estranha. Os therolinguistas tiveram então a ideia de recorrer a uma das comunidades de uma área de compostagem da qual conheciam alguns membros, a comunidade de New Gauley, na qual humanos(as) conviviam de maneira simbiótica com borboletas-monarcas cujo trajeto migratório atravessava a região, na Virgínia.[28] Não se tratava de menos-

27 Asclépia ou serralha: erva perene cuja seiva leitosa, embora tóxica para muitos insetos, protege as lagartas das borboletas-monarcas. (N.T.)
28 Raros são os therolinguistas que esqueceram essa história. Esclarecemos nossos leitores não therolinguistas que a primeira comunidade foi criada após os trabalhos da filósofa estadunidense Donna Haraway. Seu livro *Vivre avec le trouble* [*ou Staying whith the trouble - Making kin whith the chthulucene*] termina com um texto de antecipação surpreendente (SF, como *speculative fabulation*, frisa a autora), no qual Haraway havia, já na segunda década do século XXI, imaginado/fabulado a vida dessa comunidade durante cinco gerações, acompanhando as histórias sucessivas de mães e filhas. Segundo sua narrativa, em cada geração, uma Camille, filha da anterior, se encarrega, no quadro de uma relação simbiótica, das borboletas-monarca. O texto estava tão bem documentado e, ao mesmo tempo, aberto às possibilidades de variação que, ao se constituir o núcleo que viria a se tornar a comunidade de New Gauley, décadas mais tarde, seus membros o encararam como sendo o guia que deveria

prezar o que seus colegas biólogos poderiam lhes ensinar, sobretudo sabendo que essa comunidade honrava esses saberes e a eles se referia com frequência, mas de reconhecer os limites que os próprios biólogos estabelecem em seu campo de investigação, no caso, o fato de que não podem (ou não querem) explorar as dimensões cosmológicas da cultura das monarcas.[29]

Essa iniciativa teve consequências felizes. Não somente as trocas que nossos antecessores tiveram com New Gauley foram produtivas, mas novas colaborações, com outras comunidades, surgiram a partir daí. Assim, a Associação de Therolinguística passou, desde então, a enviar alguns de seus estudantes para estagiar, com o objetivo de aprender a se familiarizar com outros não humanos que eram cuidados por essas comunidades, da maneira específica que cada uma desenvolveu – todas adotaram modos de coalizão (e de coabitação) multiespecíficos, todas se esforçaram e buscaram restaurar ambientes (ou corredores de migração) que tornam a vida novamente possível. Muitas delas, além disso, construíram, às vezes ao longo de muitas gerações, alianças privilegiadas com uma ou várias espécies não humanas.

orientá-los em suas escolhas e seu espaço vital, tal como um roteiro ou um programa. Pode-se imaginar a estupefação dos therolinguistas, que conheciam bem o trabalho de Haraway (cuja influência na nossa área foi considerável sob muitos aspectos) e que haviam lido a história das Camille, quando encontraram os composteiros da comunidade: aquilo que, para eles, era uma ficção, havia tomado corpo na realidade – o texto antecipara com uma fidelidade impressionante seu próprio devir real, e assim se manifestara. Os composteiros de New Gauley, diante de seu espanto, recordaram, não sem ironia, o que Haraway escrevera nas páginas iniciais do mesmo livro: "O que importa é que histórias fazem mundos, que mundos fazem histórias" [passagem retraduzida do inglês]. E eles assim a ouviram e a compreenderam, literalmente. "As profecias, afirmavam ainda, normalmente fornecem poucas instruções a respeito do 'modo de usar' visando às condições de sua realização: nós tivemos ainda mais sorte, pois Haraway havia especulado (ou antecipado) sobre muitas dificuldades e possibilidades de fracasso." (N.A.)

29 A pesquisa sobre os muros fecais dos vombates já havia confrontado nossos colegas theroarquitetos com tais limites. (N.A.)

Assim, em algumas dessas comunidades, certas crianças recebem, ao nascer, a designação de um animal simbionte que pertence a um grupo seriamente ameaçado – são chamados de *sim-crianças.* A simbiose assume diversas formas, seja por meio de uma aliança que obriga a conhecer bem e a cuidar, seja, como na comunidade de New Gauley, por modificações genéticas que permitem às sim-crianças (chamados[as] de Camille entre os que escolheram as monarcas) desenvolver algumas similaridades sensoriais com os seus simbiontes não humanos. Trata-se, segundo seus próprios termos, de "sugestões carnais" que as tornarão capazes de provar, de sentir e de ouvir, não exatamente "como", porém mais precisamente "com" seu simbionte. Os conhecimentos e os saberes dos membros dessas comunidades, desde então, têm provocado nossa admiração.

A solicitação dos therolinguistas foi recebida com entusiasmo por pessoas que desejavam ardentemente encontrar outras histórias, além daquelas sobre seu passado humano. Histórias essas especialmente ricas porque se constatou, ao final desse trabalho, que o texto escrito contava a longuíssima migração à qual essas borboletas-autoras se sentiram convocadas e que as conduziu até a região de Michoacán, no México, no dia em que os mazahuas celebram seus mortos – *el dia de los Muertos.*

Esse texto relata como, ao final de tão longa viagem, essa migração adquiriu um sentido para aqueles que a tinham iniciado. As monarcas descobriram que tinham por missão carregar, para os humanos vivos, a alma de seus parentes. Eram os antepassados que estavam visitando os que ficaram, logo, era esse o sentido dessa aventura para a qual haviam sido chamadas, e essa necessidade imperiosa de chegar antes do dia da Festa dos Mortos. E esse texto escrito pelas monarcas ecoava então uma história conhecida de longa data pelos mazahuas que as amavam: as próprias borboletas haviam criado um destino sim-poiético com outra espécie.[30] As monarcas comprovavam que haviam aprendido o que pode significar "cuidar" em um mundo onde os vivos e os mortos prestam honras uns aos outros, e onde a continuidade pode assumir as formas mais diversas – como a de um texto contado pelas borboletas encarregadas das almas humanas. Além dos cuidados dedicados aos corredores garantindo a ligação entre os pontos de migração sazonal, juntava-se agora uma preocupação com outros tipos de passagens, corredores cósmicos, unindo comunidades humanas e não humanas vivas e as comunidades de seus mortos.

O trabalho desenvolvido pelos(as) sim-intérpretes, os(as) Camille, foi um sucesso tanto para os therolinguistas, que puderam adicionar ao repertório das literaturas animais essas epopeias fantásticas, quanto para a comunidade de New Gauley e as dos mazahuas da região central do México, entre os quais ocorreram muitas trocas despertadas pelo texto. E, ninguém duvidava, os próprios mortos deviam gostar dessas narrativas que contribuíam para alimentar suas existências.

Outras experiências colaborativas desse tipo aconteceram desde então, muitas vezes por iniciativa das próprias comunidades. Assim, a comunidade de compostagem 'Alalā, no Havaí,[31]

30 Embora Donna Haraway não pudesse de modo algum antecipar a existência do texto escrito pelas monarcas (pensamos inclusive que sua redação possa ser posterior aos trabalhos dela), ela se referia, no entanto, às cerimônias da Festa dos Mortos, e à importância da presença das borboletas para os mazahuas (D. Harraway, op. cit.). Vale notar que, em muitos dos lugares onde as monarcas estão desaparecendo, cerimônias para celebrar sua memória têm sido organizadas. Nessas ocasiões, o texto às vezes é lido, outras vezes é cantado, e desperta sempre a mesma emoção, o mesmo sentimento de uma perda que vai muito além do desaparecimento de um grupo, especialmente quando é lembrado esse trecho no qual as monarcas se referem ao temor de serem extintas: "Que asas vocês darão aos seus antepassados visitantes? E quem se encarregará de nossas almas quando não estivermos mais aqui?" (N.A.)

31 'Alalā é o nome vernacular do corvo na língua havaiana. (N.A.)

solicitou nossa ajuda para a tradução de um poema escrito pelos corvos nativos do arquipélago e no qual se constatou que eles manifestavam sua tristeza pela ideia do desaparecimento – não conseguimos determinar se era tristeza pela própria extinção ou se era uma referência à perda de seus congêneres, mas os 'Alalā sugeriram que os próprios corvos talvez não fizessem essa distinção.[32]

*

Encorajada pelo sucesso dessas experiências colaborativas, a Associação de Therolinguistas Clássicos procurou então obter informações nas comunidades de compostagem, a fim de saber se haveria entre elas um coletivo associado aos polvos comuns. Fomos informados que uma comunidade desse tipo existe há muito tempo no Japão. Soubemos de outra, praticamente tão antiga quanto, que existiria na região de Nápoles, na Itália. Tendo em vista a diversidade cultural dos polvos comuns, julgamos mais prudente nos aproximarmos desta última, considerando a localização nas costas mediterrâneas. Descobrimos, no entanto, que ambas as comunidades mantêm frequente interlocução, que as sim-crianças, nos dois lugares, usam todas o mesmo nome, Ulisses, que eles e elas recebem uma educação similar e podem, se assim desejarem, passar longos períodos na comunidade irmã – períodos ainda mais longos pelo fato de as viagens serem feitas pelo mar.

32 Embora os corvos façam indubitavelmente a distinção entre "si próprio" e "o outro", segundo os 'Alalā, porém, o desaparecimento dos congêneres significa o fim de um mundo para os corvos. Ao longo dessa investigação, aprendemos bastante sobre a tristeza dos corvos-do-havaí, em especial graças ao magnífico texto de T. van Dooren, filósofo do meio ambiente do século XXI, *Flight ways. Life and loss at the edge of extinction.* (N.A.)

Desde as primeiríssimas mensagens, a comunidade napolitana dos Ulisses foi receptiva. Entretanto, uma condição nos foi imposta. Aquela ou aquele que estivesse ocupado com a tradução deveria comparecer pessoalmente e permanecer na comunidade durante todo o trabalho, chamado por nós de "interpretação", mas que eles próprios, segundo nos informaram, preferem chamar de "experimentação sobre os significados" – *sperimentazione di significati*. Não tivemos escolha senão aceitar. Para alguns dentre nós, essa condição era até motivo de alegria. Uma de nossas jovens pesquisadoras, Sarah Buono, apresentou-se como voluntária. Além de ser fluente na língua, aprendida com seu pai, durante seus estudos de therolinguística, ela havia feito um estágio em outra comunidade de composteiros italianos que praticavam a transumância[33] com ovelhas e cabras, de modo a cuidar dos corredores migratórios de outras espécies. Ela foi encarregada de nos enviar, com a maior frequência possível, um relatório sobre a progressão do trabalho. Esses relatórios nos permitiram compreender até que ponto a exatidão semântica proposta por nossos interlocutores era importante.[34]

Esperávamos que o trabalho efetuado resultasse rapidamente em um texto completo, feito de frases cujos significados com certeza poderiam variar em função daqueles que tivessem sido atribuídos às outras frases, mas, mesmo assim, um texto que se bastasse por si só, e que nos informaria sobre o que pensam os polvos – ou, mais modestamente, sobre o que um polvo pensa,

33 A transumância é o deslocamento sazonal de pessoas e seus companheiros animais de rebanho da planície para a montanha ou o inverso. É uma prática comum nas atividades de pastoreio. (N.R.T.)

34 E percebemos isso ainda mais ao reler o maravilhoso trabalho de B. Cassin, em especial seu *Dictionnaire des intraduisibles* (*Vocabulaire européen des philosophies*), 2019. (N.A.)

ou sobre o que julgou importante pensar e escrever. Não foi bem o que aconteceu. E hoje percebemos que isso foi bom. A tradução descortina mundos, já o sabíamos. Mas esses mundos não podiam se sustentar sem seus intercessores. Isso também era "experimentar sobre os significados".

Christina Ventin
Pesquisadora, Associação de Therolinguística.

Lembre-se/me!
[Ele me] chama do futuro a fim de se tornar.
[Ele me] chama do futuro a fim de retornar.

Não mais ser em aparência.

Encontrar a saída. Retornar sempre pelo mesmo caminho.

A saída é um outro caminho.
Os corpos acolhiam como conchas. Sem mais conchas, sem mais saída. Perigo.

Morrer não é mais regozijante. Sem ovos, viver em águas escuras. Sem saída. O polvo quer comer luz.

O polvo carrega a luz, a luz vem ao polvo. Sem manto, a luz se extingue. O polvo se torna tinta. Negra, depois água. Sem mais aparência.

Se corpo algum é encontrado, a alma se extraviará. Ptocópodos [pobres em braços] perigo. Ptocópodos memórias em águas vivas. Sem saída. Tornar-se marisco ou peixe. Memórias em águas vivas.

Lentos e agitados os tempos das esperas. Breves e agitados os tempos das existências. A impaciência nos toma.

Falar sem luz é violência. Falar sem tinta é violência. A língua dos sem corpos é carregada de venenos. O polvo sem luz é ptocópodo para o polvo.

DE: SARAH.BUONO@ASSOTHEROLINGUISTE.FR
ASSUNTO: RELATÓRIO TRADUÇÃO
DATA: 13 DE AGOSTO
PARA: CHRISTINA.VENTIN@ASSOTHEROLINGUISTE.FR

PREZADA CHRISTINA, PREZADOS(AS) COLEGAS,

Ainda não começamos de fato o trabalho sobre o sentido do texto, mas quero mesmo assim mantê-los(as) informados(as) sobre o que fizemos até aqui. Fiquei bastante surpresa quando soube que a pessoa encarregada de me acompanhar, Ulisses, era uma sim-criança de quinze anos. Me explicaram que não só Ulisses era um dos mais talentosos de sua geração, mas que, além disso, estava começando a dominar o italiano, o que nem todas as outras sim-crianças da mesma idade ou até um pouco mais velhas eram capazes de fazer. De fato, tive a oportunidade de comprovar, os Ulisses só aprendem italiano a partir dos doze anos, e se beneficiam de certa boa vontade quando não o entendem ou não conseguem se expressar, o que sem dúvida compromete os progressos desse aprendizado – sempre se acha alguém capaz de traduzir, afirma Ulisses rindo. Acrescenta que, segundo um ditado, as sim-crianças investem nas línguas de seus braços aquilo que os não sims investem na língua da cabeça – o que significaria que esses sims são o que chamaríamos, segundo nosso sistema de pensamento, pouco dotados para as línguas articuladas.

Até os doze anos, os Ulisses falam uma língua própria, que foi inventada para eles há quatro gerações – aproveito para esclarecer que aqui não se conta o tempo em anos, mas em gerações, e Ulisses pertence à geração 6. É por meio dessa língua que os membros da comunidade se dirigem a eles, o que obriga os não falantes (os "não sims") a sempre recorrer à ajuda de um sim bilingue. Cada sim se torna então, a partir do momento em que domina sua segunda língua, um tradutor experiente e muito solicitado. De acordo com Ulisses, essa organização especial teve como consequência a intensificação de suas relações sociais e dá margem a discussões intermináveis (e muito agitadas) a respeito dos significados e das melhores alternativas para tradução.

Também descobri que essa língua é compartilhada pelas comunidades italiana e japonesa dos Ulisses, embora a pronúncia seja bastante diferente.

Essa língua outra, explica Ulisses, permite que as crianças não entrem rápido demais nas categorias que moldam a relação com o mundo e com os outros. Segundo ele, "é uma língua sem centro, uma língua atravessada, ou de atalhos". O italiano, assim como o francês e muitas outras línguas europeias, dizem eles, são línguas que dão ao sujeito pleno poder sobre o verbo – o sujeito constituindo o centro significativo de qualquer enunciado. As regras de sua gramática instituem um sujeito que rege, que determina, e cujos atos são sempre a consequência de sua vontade.[35] Trata-se, segundo eles, de línguas forjadas por e para seres fascinados pelo domínio e pelo controle, cuja sintaxe designa, como se fossem privilégios, o que será sujeito e o que será objeto, o que será dotado de ação e o que será despossuído do agir.

Na sim-língua dos Ulisses, pelo contrário, e repito aqui com suas próprias palavras, "o sujeito é apenas o destinatário passageiro de um verbo que o agarra. Todo sujeito encontra-se em

35 *Post-Scriptum* para as mensagens de Sarah Buono. Uma pequena e comovida nota de rodapé, com gratidão, ao nosso professor de therofilosofia Hubert Rentri, que nos levou a ler Nietzsche, o que me permite hoje compreender melhor a necessidade e os efeitos esperados dessa língua: "[esse fetichismo] crê na vontade enquanto causa em geral; ele crê no 'Eu', no Eu enquanto Ser, no Eu enquanto Substância, e projeta essa crença no Eu-substância para todas as coisas." (*O crepúsculo dos ídolos – A "Razão" na filosofia, 5*). E ainda: "Não se pode permitir um pouco de ironia com o sujeito, com o predicado e com o objeto?" (*Além do bem e do mal, 34*). (N.A.)

devir, não dentro de seu próprio agir, mas em uma multiplicidade de ações que o transbordam". Por essa razão, sua gramática desconhece a forma do singular, um verbo está sempre no plural, mesmo quando há um único sujeito designado – "o sujeito é aquele que se apresenta, mas há uma multidão atrás dele". Assim, as coisas, como as criaturas, "fazem fazer". Os nossos antigos a chamavam "a voz média". Com ela, ninguém pode ser totalmente passivo nem totalmente ativo, nenhum verbo, dizem eles, se sustenta sozinho, "sempre é o resultado de um outro agir acolhido por aquele que garante a mediação de uma cascata de fazeres".

Logo, na sim-língua, reivindicar o fato de ter uma ideia é afirmar que algo fez você pensar – "uma ideia me veio" ou "me veio à mente" –,[36] e observei que a fórmula educada empregada por Ulisses para anunciar que ele tem algo importante para ser dito é "uma ideia insiste em ser acolhida". Por outro lado, em sim-língua, não se diz "eu vejo", mas "algo se deixa ver"; Não se diz "espero a chuva", mas "a terra aguarda a chuva" ou, às vezes, ainda "a chuva me convida a esperá-la" – embora, caso estejamos certos de que vai chover e que as nuvens escuras já se acumulam sobre o mar, podemos nos contentar com a forma mais simples "a chuva me chega" (e aqui o "me" deve ser explicitado pela sua incorporação). Entre nós, diz Ulisses, ser sujeito, é ter sido capturado por um verbo – mediador de múltiplos desejos e vontades.

Por outro lado, aquilo que as línguas não sims designam por "ou" se torna "e ainda" e o "nem" não existe, pois "nenhuma

36 Não podemos deixar de notar que aqueles que se encarregaram de moldar essa língua foram inspirados pelos trabalhos julgados extremamente importantes para a therolinguística, em especial os de Bruno Latour, para a voz média, e os de Émile Benveniste, particularmente a respeito das relações mantidas entre as categorias de línguas e as categorias de pensamento. (N.A.)

coisa que contradiz outra pode receber o poder de excluir" – exceto quando uma escolha vital precisa se impor. Temos então uma locução específica, que eu traduziria por "impõe-se que".

Finalmente, o equivalente do pronome pessoal "eu" na posição de sujeito (ou daquele do "me" que acabamos de comentar [a chuva *me* chega] é ausente na sim-língua. As sim-crianças se referem a si próprias usando aquilo que corresponderia a um "ele" neutro (equivalente ao *it* para os anglófonos) e que indica uma parte do corpo – abrangido pelo termo genérico sim *pod*. Pode ser acrescentado um sufixo que permite designar o local do corpo que esse pronome expressa, na maioria das vezes os braços e as pernas, que têm uma participação importante nas ações, e que costumam envolver as sensações e os afetos (*pod.a* e *pod.i* para os braços esquerdo e direito, *pod.ê* e *pod.é* para as pernas). A cabeça é designada com menor frequência como responsável por uma ação, ou como submetida a algum afeto, e se algum sim tende a mencioná-la repetidas vezes, será alvo de uma brincadeira que poderia ser traduzida por: "ela acredita que ela quer?"

Em vez de dizer "quero ir ali" ou "quero pegar aquilo", a língua sim nos leva a dizer, por exemplo, "*pod.*êé (minhas duas pernas) conduzem para lá" ou "*pod.i* quer pegar aquilo" – ou ainda, outra tradução possível, e certamente mais fiel, "aquilo chama/incita *pod.i*". Ulisses também me explicou que existia, do ponto de vista semântico, uma declinação de *pod.* (*pod.s*) que indicaria o que chamaríamos de "braço fantasma" (ou , para ser mais precisa, um tentáculo fantasma), para se referir ao membro amputado que continua a se fazer sentir apesar de sua ausência, e que ele traduz como "os braços que faltam". Ele mesmo me relatou possuir três (alguns sims muito talentosos chegam a ter quatro), um dos quais, ultimamente, tende a ficar rígido devido a razões que ele não consegue elucidar – parece se tratar de algo bastante comum quando os sims se aproximam da idade adulta.

A propósito, Ulisses me esclareceu a respeito da diferença entre as caligrafias que havíamos identificado sobre os vários cacos, e que nos levaram, aliás, a pensar que tínhamos vários autores envolvidos: esse polvo escreveu em alguns momentos com um de seus oito braços, e às vezes usou outro, o que explica as variações. Perguntei se os tentáculos desse polvo teriam habilidades distintas (como os destros, que se mostram desajeitados com a mão esquerda), e ele me respondeu rindo que não se tratava exatamente disso, e que minha pergunta traduzia uma perspectiva muito "não sim": "a cabeça decide, os braços executam." Os polvos mantêm uma relação bem diferente com as partes do corpo. Mesmo que a cabeça muitas vezes inicie a ação, os braços não demoram, porém, a retomar sua autonomia.

Aqui, eu entendi realmente o que os biólogos afirmam quando dizem que o sistema nervoso dos polvos é muito mais distribuído do que o nosso, a maior parte dos neurônios estando localizada nos braços. As ventosas dispostas sobre os tentáculos são ao mesmo tempo captores e reguladores, possuem dez mil neurônios que permitem ao polvo tocar e provar simultaneamente.[37] O feixe de nervos que liga os braços ao cérebro é muito fino, e a independência destes parece tamanha que, em alguns momentos, os pesquisadores chegam a pensar que os polvos nem sempre sabem onde estão seus braços. Houve inclusive um dentre esses estudiosos (isso me foi contado por Ulisses) que resolveu testar essa hipótese, numa dessas experiências "controladas" que os cientistas de antigamente tanto apreciavam. Um polvo deveria, por exemplo, explorar fendas construídas

37 Como me lembrou Ulisses, F. Grasso e J. Basil ("The Evolution of Flexible Behavioral Repertoires in Cephalopod Molluscs", *Brain, Behavior and Evolution*, v. 74, n. 3, p. 231-245, 2009.) observaram também que os polvos possuem um olfato que permite a eles recolher informações químicas à distância. (N.A.)

de tal maneira que, caso ali enfiasse um tentáculo, em algum momento esse tentáculo atingiria a superfície. Os pesquisadores constataram que o cérebro "manda" um ou outro braço para a fenda, permitindo em seguida a autonomia de seus atos, o deixa fazer e só "retoma a mão", se é possível falar assim, caso as condições não permitam mais que o tentáculo leve a cabo sua tarefa – aqui, quando o tentáculo encontra a passagem ao ar livre, inibindo os cromorreceptores de suas ventosas. O cérebro central assume então o controle do braço e o guia pela visão. Jakob von Uexküll, biólogo do início do século XX, dizia que, ao correr, um cão move suas patas; quando um ouriço corre, porém, são suas patas que o movem. Poderíamos dizer o mesmo dos polvos – e sem dúvida, isso é parcialmente verdade para os humanos, mas raros são aqueles que o experienciam de fato. Os sims são introduzidos na cultura dessa experiência pelo corpo e pela língua. E também pela música, pois todos os sims são músicos – saber tocar música nos ensina a confiar em nossas mãos, em nossas pernas, em nosso coração, em nossa respiração.

A diferença das caligrafias entre os fragmentos, diz Ulisses, não seria tanto uma questão de habilidade, e sim de personalidade, ou até da agenda de cada um desses tentáculos. Aliás, não seria surpreendente, me disse ainda sobre esse assunto, que encontrássemos no texto o que os não sims concebem como contradições, e que seriam meros sinais de discordâncias entre os braços que puderam, em alguns momentos, escrever por conta própria. Ulisses me convidou para ler um trecho de um livro que havia nos ajudado bastante durante os estudos preparatórios, o de Peter Godfrey-Smith, no qual o autor afirma que há no polvo um regente de orquestra, o cérebro central, mas que os músicos conduzidos por ele são *jazzmen* "afeitos à improvisação, que toleram sua condução somente até certo ponto".

Quanto ao aspecto fragmentário que nos lembrava aforismos, Ulisses não manifestou surpresa. São realmente aforismos, pois os polvos não podem imaginar outro modo de expressão que não seja o *furtivo*.[38] Podemos, disse Ulisses, encará-lo de duas maneiras. Por um lado, o polvo busca estar sempre em um lugar distinto do esperado, o que o leva a deixar somente rastros evanescentes (já tínhamos esbarrado nessa característica durante nossos trabalhos preparatórios). No nível textual ou literário, o resultado seriam frases muito curtas, aparentemente escritas com urgência. Por outro lado, é preciso guardar na memória o fato de que o polvo, onde estiver e qualquer que seja a situação, sempre se pergunta: "Há alguma saída?", e que isso contamina todos os seus gestos, todas as suas relações com o mundo: é provável que ele entre no texto para logo buscar "a saída", a escapatória. E talvez ainda, diz Ulisses, alguns braços concordem com a primeira hipótese, e outros com a segunda – a não ser que a cabeça, que assume alguma responsabilidade, não os apresse e recomende urgência.

Ainda não abordamos o conteúdo desses fragmentos, e não consigo, no momento atual, falar muito mais a respeito. Ulisses deixou claro que eu não poderia esperar começar esse trabalho antes de compreender como eles próprios tentam, desde a infância, tanto no aprendizado da língua quanto na formação do próprio corpo, pensar e sentir como seus simbiontes, pois sem isso não serei capaz de entender coisa alguma. Tendo em vista o que aprendi até aqui, começo a acreditar que ele tem razão.

38 Tudo isso me faz lembrar esse experimento de antecipação especialmente bem-sucedido e visionário sobre a "furtividade", que foi, na época, o romance de Alain Damasio, *Les furtifs* (romance *cult*, aparentemente, para alguns therolinguistas). (N.A.)

DE: SARAH.BUONO@ASSOTHEROLINGUISTE.FR
ASSUNTO: RELATÓRIO TRADUÇÃO
DATA: 31 DE AGOSTO
PARA: CHRISTINA.VENTIN@ASSOTHEROLINGUISTE.FR

PREZADA CHRISTINA,

Recebi a mensagem coletiva de vocês, juntamente com suas várias perguntas. Sim, você tem razão, é apaixonante e perturbador. E confesso que eu mesma me sinto às vezes um pouco perturbada – essas sim-crianças levam uma vida bem difícil, falando uma língua que a maioria dos membros da comunidade não entende, vivendo frequentemente num mundo um pouco à parte, com sensações muito diferentes, que os outros não experimentam. Não seria uma forma de "adestramento", que deve isolá-los ao torná-los tão diferentes? Claro, temos estratégias bem azeitadas para sair do distúrbio – basta pensar que nosso próprio sistema educacional não é tão gentil assim com nossas crianças, que o ingresso na linguagem, e mais ainda nos sistemas de escrita alfabética como o nosso,[39] as amputa, de algum modo, de outras formas de sensibilidade, e as exclui com muita violência de um mundo onde se poderia provar um raio de sol e sentir a cor, onde a luz e a sombra poderiam ser ouvidas, onde as coisas teriam calor e ritmo, onde as formas seriam descobertas pelos lábios e pela língua.

Não há resposta simples, e a minha não é realmente satisfatória. Essas pessoas sabem disso e refletem sempre sobre aquilo que fazem, buscando lidar da melhor maneira com as contradições. Segundo elas, essa língua estranha completamente criada por eles busca permitir que os Ulisses vivam de acordo com as "sugestões carnais" mencionadas por Camille, uma sim-criança

39 Como vocês já perceberam, refiro-me aqui a David Abram, mais um de nossos precursores, especialmente precioso para mim aqui, e sem dúvida alguma também para eles, pois seu livro circula como uma relíquia valiosa entre os membros da comunidade. (N.A.)

da comunidade associada às borboletas-monarcas (e sem as modificações genéticas praticadas por ela). Desse modo, essa língua busca fortalecer (ou, pelo menos, não contradizer) a maneira como os corpos dessas crianças são cuidados, e, sobretudo, a sensibilidade especial que elas são levadas a adquirir ou preservar. Pois o corpo e o intelecto dessas crianças são alvo de um longo aprendizado para despertar, feito de técnicas que cultivam e aprimoram os sentidos, às vezes criando novos, e que lhes inculca habilidades e, evidentemente, conhecimentos.

Explicaram-me que esses aprendizados foram, desde o início, pensados de modo que permitissem a essas sim-crianças entrar em relação, de um modo bastante próximo do de seus simbiontes, com os mundos humanos e não humanos, e também adquirir os saberes que as crianças de sua idade precisam dominar, como a aritmética, as ciências naturais, a física, as literaturas humanas e animais, a história, as artes e a geometria – cuidando para que esses segundos aprendizados combinem, sem muito atrito, com os primeiros, e quem sabe sejam até apoiados por estes. Aprendem, por exemplo, a enxergar com a pele, como sabem fazer alguns cegos – e como fariam os polvos, conforme já nos referimos. Sim, isso pode ser aprendido. A comunidade, aliás, fabricou para as sim-crianças vitrais de cores diferentes e cujas peças podem ser trocadas; os Ulisses então devem reconhecer as cores sem enxergá-las, sentindo como os raios de sol os atravessam de diversos modos antes de tocar as diferentes partes de seus braços e pernas. Dizem que o aprendizado está concluído quando "a luz vem até eles, e que eles [os *pod.*] a agarram como uma bola que seria jogada em sua direção".[40]

40 Essa citação, assim como as que constam no trecho a seguir, são de autoria do cego Jacques Lusseyran. Eu as encontrei no texto emprestado

Eles aprendem a provar a forma das coisas, e tomam conhecimento dos primeiros elementos de geometria – Ulisses me conta que as esferas são as mais agradáveis, mas se revelam sem surpresas. E, assim como o matemático inglês Nicholas Saunderson, do qual fala Diderot em sua *Carta sobre os cegos para uso daqueles que veem*, eles aprendem uma aritmética palpável. Por exemplo, durante o curso de botânica sensível, as crianças são ensinadas a distinguir as espécies de árvores, como fazia o cego Jacques Lusseyran, "apenas pelo ruído de sua sombra". Ulisses me aconselhou sua leitura, e encontrei ali coisas muito interessantes. Lusseyran escrevia também que a diferença entre a voz de um homem e a de uma árvore era muito pequena, "apenas aquela criada pelo hábito que temos de compreender mais rapidamente a voz de um homem do que a de uma árvore". Assim como ele sabia fazer, os sims aprendem igualmente a sentir a "presença" das coisas que os cercam por meio de efeitos vibratórios e, especialmente, de pressão. Assim, Ulisses falava das paredes do cômodo onde estávamos, como elas se apoiavam sobre ele à distância – e como ele também se apoiava sobre elas. Acredito (escrevo de memória) que ele citava ainda Lusseyran ao acrescentar aquilo que, ele faz questão de frisar, constitui um dos primeiros princípios do curso de física perceptiva: "Há ecos por toda parte. Há presenças por toda parte. Há uma troca bastante admirável entre ocos e saliências, espaços cheios e vazios, explosões e respostas."

Outra de suas perguntas: por que foi um adolescente, e não um adulto, a pessoa designada para desenvolver esse trabalho comigo? A razão é bastante simples, porque a comunidade

por Ulisses, "O que se vê sem os olhos", a transcrição de uma conferência dada por Lusseyran diante da sociedade *Unitiste* em 1958. Ulisses me aconselhou a esse respeito a leitura de Jérôme Garcin, *Le voyant*, 2014. (N.A.)

acredita que os talentos desenvolvidos pelas sim-crianças tendem a esmaecer com a idade e com o ingresso em uma vida social mais ampla, com outras restrições.

No início da adolescência, os Ulisses são convidados a entrar progressivamente na outra língua e a multiplicar as relações sociais fazendo uso dela – e sua resistência ao aprendizado provoca uma mescla sutil e bastante ambivalente de encorajamento e desaprovação.

Além disso, ao entrar na idade adulta, os sims não dispõem mais de tanto tempo para praticar os exercícios, devem assumir novas responsabilidades, fazer cada vez mais escolhas, tomar decisões e prestar contas, coisas para as quais a língua sim não está muito bem adaptada, o que os leva a progressivamente privilegiar o emprego da segunda língua. A sensibilidade excepcional que adquiriram vai então se reduzir, sem desaparecer completamente – segundo eles, quando um sim resolve adotar ou ter uma criança que também será um sim, essas sensibilidades serão novamente reativadas.

No que se refere ao "meu" Ulisses, o fato de ele ter operado um ingresso particularmente rápido na língua italiana, sem que, no entanto, esta prevaleça, o coloca ainda na fronteira entre o mundo dos sims e o dos adultos – Ulisses ainda pensa e sonha na sua língua de origem, e seus gestos comprovam que as distintas partes de seu corpo ainda possuem essa autonomia relativa e essa sensibilidade imediata tão especial – quando, diz ele, as intenções de agir seguem mais do que precedem a ação. Ele continua atento a isso, joga bola diariamente com os olhos fechados e se dedica a longas horas de improviso musical com as outras sim-crianças – minhas mãos continuam a aprender a viver a vida, em suas palavras –, e ele continua a se exercitar e empregar tanto suas pernas quanto seus braços, a provar o gosto das coisas com os dedos, a sentir seus braços fantasmas e a obedecer a seus impulsos. Para as aulas de matemática e de geometria aplicada, continua a trançar as redes de pesca com as mãos, os pés e a boca.

Notei, no entanto, que os adultos sims também fazem isso, pois, dizem eles, devemos conservar os gestos para o dia em que retomaremos a pesca. Contaram-me que se tratava de algo muito importante para eles, que desejavam guardar presentes não apenas na lembrança, mas na memória do corpo, hábitos e práticas que não são mais possíveis hoje em dia. Confesso que não havia entendido plenamente o sentido desse projeto até que, alguns dias atrás, um dos anfitriões japoneses, um sim visitante da outra comunidade, nos mostrou um filme bastante antigo (datado de 2018), filmado no Japão por uma diretora francesa, e que nos deixou a todos transtornados (como parece que já havia acontecido lá). O filme se compõe de uma série de belíssimos retratos de pessoas que viviam na região de Fukushima, no Japão, depois da catástrofe nuclear. Dentre eles, um rapaz, Mûto Yohei, explica (e mostra adiante da câmera) como continua a executar ritualmente os gestos para decepar os javalis, tal como ensinado pelos caçadores. É um gesto que ele resolveu aprender depois da catástrofe para evitar que se perdesse – antes disso, ele confessa arrependido, "não havia se dado conta da importância desses saberes". Depois da catástrofe, foi necessário voltar a caçar os javalis, que se multiplicavam rapidamente e haviam se tornado perigosos para os cultivos e os habitantes. Porém, uma vez mortos, se transformavam em restos radioativos que era preciso enterrar rapidamente no local para evitar contaminação. Logo, são os gestos de decepar para prepará-los para o consumo que correm o risco de se perder. É isso que preocupa Mûto Yohei, embora o consumo de carne de javali não seja algo frequente no Japão. Essa sequência é encenada por meio de uma esplêndida coreografia na qual vemos esse jovem reproduzir em silêncio cada um dos gestos de corte e de preparo. O javali está ausente, claro, e o facão tampouco está ali. Todavia, comentaram as pessoas da comunidade, era ainda mais bonito, exatamente porque somos capazes de vê-los com perfeição, esse facão, e também o javali, as vísceras, a corda, a floresta.[41]

Ulisses, como eu dizia antes desse parêntese, prossegue em sua formação de sim, apesar de estar ingressando progressivamente no mundo dos não sims. Ele garantiu que percebe, de modo cada vez mais intenso, a cor dos números e a relação que cada uma dessas cores mantém com o ritmo do tempo. Ele aperfeiçoa seu saber botânico e reconhece agora a espécie de várias árvores e plantas graças aos sons de seus jogos com a luz.

Ele me conta também que ainda há muito a aprender no que se refere à água e que sofre um pouco com os diversos (excessivos para mim, ele diz) termos que traduzem as variações de densidade, calor, ritmo, música, oxigenação, capacidade de difração da luz da água do mar: os conheço pelos meus dedos e pela minha boca, não consigo memorizá-los por palavras, e menos ainda aqueles que designam formas da água que já não conhecemos mais.[42] Pergunto qual a importância de recordar todas essas palavras, se o conhecimento pelo paladar ou pelo toque não bastam. Ele ri tristemente: em que mundo você vive, Sarah? Uma quantidade imensa de formas adotadas pela água, uma quantidade tremenda de modos de ser dados por centenas

41 Para quem desejar assistir, trata-se do filme de Mélanie Pavy, *Mon Furasato*, que integrava uma instalação holográfica composta por uma série de monólogos de cerca de seis minutos de duração cada um (ao todo, 43 minutos, em *looping*). A mesma autora contou a história dessa filmagem em *Nostalgie après la fin du monde*, 2020. (N.A.)

42 Hoje, me veio a ideia de que o livro de Alain Damasio, *La Horde du contrevent*, baseado no conhecimento sobre os ventos, poderia ter seguido a mesma intuição. (N.A.)

e centenas de águas que já desapareceram, e outras que estão sumindo, você ignorava tudo isso? Se não conservarmos as palavras, as teremos perdido para sempre. E então abandonaremos até a ideia ou o desejo de algum dia reencontrá-las. É preciso que as palavras nos lembrem o que é e o que já foi, mesmo se isso nos fizer sofrer.[43] Engano meu, murmurei.

Quanto à pergunta que vocês me fizeram, a respeito de sua genealogia, eu sei que ele é Ulisses por parte de uma de suas duas mães, e sua outra mãe e seu pai não são sims. Em geral, as sim-crianças o são por parte de ao menos um de seus pais, às vezes mais. No entanto, acontece, dizem eles, que algumas crianças sims nasçam de pais não sims. Disseram que essas crianças, desde o início da vida, parecem com o que se chamava, há muito tempo, de filhos das fadas – crianças nascidas de fadas e das quais se acreditava, devido à sua estranheza, que teriam sido trocadas, no berço, pelos bebês humanos. O século XX esqueceu essa antiga sabedoria e os chamou de autistas (um século pouco avaro em maldições, eles observam), o que os destinava em geral a uma trajetória difícil.[44]

As pessoas da comunidade recordam que foi somente no decorrer do século XXI que se passou a considerar que essas

43 Acho que aquilo a que Ulisses se refere se aproxima do que o filósofo Glenn Albrecht (2020) havia ensinado às pessoas do século XXI, o reconhecimento de uma emoção nova, ligada às catástrofes e à destruição do mundo cuja amplitude as pessoas começavam a perceber, a "solastalgia" – essa forma particular de nostalgia (ou de saudade de sua terra) experimentada pelo fato de ter o sentimento de não mais habitar o mesmo mundo, pois este foi danificado ou destruído. (N.A.)

44 Para aqueles interessados no assunto, e que provavelmente desconhecem esses estudos (estamos bem distantes da therolinguística), repasso o conselho que me foi dado por uma pessoa da comunidade, o de ler o capítulo dedicado a Temple Grandin por Oliver Sacks em *Um antropólogo em Marte*, bem como o artigo com o mesmo título, publicado pela revista *New Yorker* em 27 de dezembro de 1993 (disponível *online*). (N.A.)

crianças diferentes experimentavam outra maneira de ser humano, por vezes difícil e dolorosa, mas ainda assim apaixonante – e tão mais apaixonante e menos difícil, dizem, na medida em que o mudo aprendia a não mais esperar *que elas não fossem* diferentes. Essas crianças, por exemplo, exploravam outras línguas desconhecidas de todos, e que não era possível esperar compreender enquanto se buscasse nelas "uma mensagem simbólica particular concebida para ser interpretada por uma inteligência humana". Assim, diziam eles, Mel Baggs qualificava (segundo ela própria) sua "linguagem original", explicando que esta não consistia em palavras nem mesmo em símbolos visuais, mas "em uma conversação contínua com cada aspecto do que me cerca". E que sua maneira (estranha para os demais) de se mexer, de deixar suas mãos dançarem sob a água escorrendo de uma torneira durante longos minutos, ou num raio de sol, de tocar incansavelmente a aspereza em alguma superfície, ou de fazer cantar uma peça ondulada ao acariciá-la com a ponta dos dedos, em suma, "de obedecer à demanda das coisas em serem intensa e longamente sentidas e provadas", era "uma resposta em tempo real" a tudo o que a envolvia.[45] Tivesse Mel Baggs nascido entre nós, teríamos percebido imediatamente que se tratava de uma criança sim e teríamos festejado de modo especial seu nascimento. Quando uma criança assim chega até nós, encaramos isso como uma bênção, pois sabemos que essa criança se tornará um sim

45 Ulisses me convidou a assistir ao belíssimo filme que ela gravou, *In My Language*, de onde foram extraídas essas citações (vídeo disponível em: <www.youtube.com/watch?v=JnylM1hI2jc&feature=emb_logo>). Ele frisa que a ideia de formular isso em termos de "obediência à demanda das coisas em serem intensa e longamente sentidas e provadas" não é de Baggs, mas foi provavelmente inspirada por uma frase de Lusseyran: "essas sensações geralmente muito confusas, muito delicadas, que roçam suavemente e levam até eles os objetos." (N.A.)

muito talentoso. Receberá uma educação semelhante à das outras sim-crianças, mas permitiremos que descubra sua própria língua. Nesse caso, um sistema de readoção é estabelecido, que acrescenta ao grupo familiar uma mãe ou um pai sim.

No que se refere à sua perplexidade quanto ao fato de que todos os sim usam o mesmo nome, confesso que isso também é bem difícil para mim, e que me vejo adotando uma estratégia meio precária: quando estou no meio de vários sims, preciso dizer "meu" sim para distingui-los dos demais, pois não consigo perceber a diferença ínfima de pronúncia indicando de quem ou a quem se fala – todos esses "Ulisses" soam idênticos aos meus ouvidos (e em minha boca). Suponho que vou acabar aprendendo. Mas é irrelevante.

Chego à sua última pergunta, que será respondida com muita tristeza. Não, não fui ver os polvos. Pois eles desapareceram desta região. Eu não tinha percebido, eu acreditava mesmo que ainda estavam aqui, no mar, eu via os Ulisses indo nadar e pensava que eles iam encontrá-los. Descobri isso ontem, quando pedi para ir vê-los. Me responderam: "Como você não sabia?" Eles eram ainda muito presentes durante as primeiras gerações, mas seu número foi se reduzindo até a extinção do grupo. Os que têm a idade dos avós de Ulisses ainda os conheceram, os que nasceram depois nunca os viram (a não ser que tenham tido oportunidade de ir ao Japão). A comunidade fez tudo que estava ao seu alcance para protegê-los, mas a água se tornava cada vez mais tóxica, os mariscos e conchas cada vez mais raros, o que não desencorajava a pesca intensiva que continuava a ser praticada. As pessoas das primeiras gerações da comunidade lutaram contra máquinas poderosas, algumas tiveram o mesmo destino que os mexicanos guardiões das monarcas, Homero Gómes González e Raúl Hernández Romero, cuja memória é honrada anualmente pelos composteiros de New Gauley.[46] Sem dúvida, dizem eles, nossa comunidade tinha a seu favor uma longa prática no emprego de astúcias, e os sims se esforçaram para ensinar os segredos e usos dessas artimanhas aos outros membros. No entanto, as poucas batalhas ganhas estavam longe de serem suficientes diante da dimensão das ameaças e da violência dos meios empregados. Nossa única vitória foi ter resistido e ainda estar aqui. Mas os polvos já não estão. As gerações seguintes precisaram aprender a viver sem eles e a preparar seu retorno. Se é que voltarão algum dia.

O próprio Ulisses pôde encontrar polvos durante sua estadia na comunidade do Japão, ainda estão presentes lá, embora em grandes dificuldades. Não são mais como antes, diz-se também por lá. Há também alguns na região de Marselha, mas estão se tornando cada vez mais raros. Enquanto isso, conclui Ulisses, cuidamos do mar e dos peixes, tentamos fazer a vida retornar. Mas não sabemos *quem* vai voltar. Nem se já não é tarde demais para o povo dos polvos, onde quer que eles estejam vivendo no mundo.

Confesso não compreender muito bem o que Ulisses quis dizer com seu "não sabemos *quem* vai voltar" – eu questionei, ele se contentou em menear a cabeça e sorrir. Não é a primeira vez que deixa de responder a alguma de minhas perguntas. Eu perguntara, alguns dias atrás, como se ensinava truques às crianças sim, se não era muito difícil para os pais terem de ensinar os filhos a usar chamarizes, colocar armadilhas, procurar saídas, esquivar-se. Ele fingiu não entender a minha pergunta. Não tive coragem de insistir.

46 Homero Gómez González e Raúl Hernández Romero foram ambos assassinados durante sua missão. Ver a esse respeito R. Nixon, "From Restraining Orders to Assassinations, the Dangerous Work of Saving the Monarchs", *Boston Review*, 29 jul. 2020. (N.A.)

De fato, para falar a verdade, começo a me perguntar por que o trabalho sobre nossa tradução tem demorado tanto. Estariam eles esperando alguma coisa? Algo de mim? Eu me interesso de modo muito sincero por tudo o que fazem, faço muitas perguntas, tento realmente conhecer e compreender. O que mais poderia fazer?

DE: SARAH.BUONO@ASSOTHEROLINGUISTE.FR
ASSUNTO: RELATÓRIO TRADUÇÃO
DATA: 2 DE SETEMBRO
PARA: CHRISTINA.VENTIN@GMAIL.COM

MINHA CARA CHRISTINA,
Como você pode notar, envio essa mensagem para seu endereço pessoal, pois gostaria que este assunto ficasse entre nós. Devo lhe dizer que, depois dessa conversa sobre o desaparecimento dos polvos, fiquei me sentindo um pouco desanimada (vocês devem ter percebido). Ficava me perguntando o que eu estava fazendo ali e se tudo isso ainda tinha algum sentido – qual o sentido de um projeto que "faz de conta que os polvos estão ali", quando todos sabem que eles já se foram e talvez não voltem nunca mais? Em suma, começava a ter a impressão de viver no meio de pessoas que não param de se enganar – e o fato de que demorei tanto tempo para descobrir que não havia mais polvos só podia reforçar esse sentimento – e, falando francamente, a sensação de que tinham me iludido. Estava pensando que essa pesquisa parecia não levar a lugar algum.

Será que Ulisses desconfiou? O fato é que, dois dias depois dessa conversa, enquanto eu lia sozinha no meu quarto, bastante mal-humorada, ele me chamou para caminhar pela praia. Nunca tínhamos estado lá juntos. Acho que ele queria que ficássemos a sós. Falamos sobre tudo e sobre nada, sobre o tempo, o outono que se aproximava, sobre os peixes e as algas, nada de muito interessante. Sentamos em silêncio. Depois, Ulisses começou a me falar de sua avó materna, uma sim como ele, e de sua vida. Na sua juventude, ela lhe contava, tinha tido cabelos iguaizinhos aos dele, esse ruivo tão comum na região de Nápoles. Ulisses sorriu. Eram de um branco brilhante quando a conheci, mas era, sobretudo, sua pele que nos impressionava, pois mudava de cor, e podíamos reconhecer e sentir por um simples olhar cada uma de suas emoções. Riu quando eu disse a ele que, em francês, existia uma expressão para dizermos de alguém que "nos faz ver todas as cores",[47] mas que isso tem um significado bem diferente. Nos polvos, os dois sentidos convergem, acrescentou Ulisses. E certamente também no caso de minha avó, porque não se tratava de uma pessoa fácil, e nós desconfiávamos de suas artimanhas para nos obrigar a fazer aquilo que havia decidido. Ela nos contou muitas histórias, e devo a ela minha vontade de ler tudo o que aparece ao meu alcance. Ela falava muito de sua infância, da qual guardava muitas lembranças felizes. Por causa dos polvos?, perguntei. Sim, claro, por causa dos polvos, mas também porque ainda tinham muita coisa para inventar. Naquela época, ela contava, a comunidade ainda estava experimentando a língua, tateava nos aprendizados. Na verdade, nada era realmente fácil, e o fato de serem "outros", para os Ulisses e também para ela, era às vezes fonte de tensões nas relações com as outras crianças (Christina, acho que ouvi você comentar que as Camille de New Gauley tinham enfrentado as mesmas dificuldades e tensões). Mas os polvos estavam ali, ela recordava com os olhos brilhantes, e essa relação compensava de longe todo o resto que pudesse ser complicado. E o fato de viver com eles simplificava mui-

47 *En faire voir de toutes les couleurs*, literalmente "fazer alguém enxergar todas as cores", expressão para indicar alguém desagradável, de difícil convivência, que faz "poucas e boas". (N.T.)

to alguns aprendizados, pois era com os polvos, e para eles, que cada sim-criança se tornava si mesma, isto é, outra.

É isso que dizia minha avó, repetiu Ulisses: nos tornávamos nós mesmos ao nos tornarmos outros. Ela contava também: havia alegria, e havia tristeza, muita tristeza – tente impedir uma criança de se apegar ao seu simbionte. E esses viviam, no melhor dos cenários, até os dois anos. Quantas mágoas vivemos! Algumas vezes, perdíamos nosso companheiro depois de somente alguns meses. Mas às vezes algo extraordinário acontecia para alguns de nós: pouco tempo depois de um desaparecimento, outro polvo nos escolhia; digo *nos escolhia* porque não era possível interpretar isso de outro modo, era *ele* quem tomava a iniciativa. Oh, não era tão frequente, e vivíamos isso como um pequeno milagre, um verdadeiro milagre, de fato, nem tão pequeno assim. E tínhamos o sentimento, às vezes até a certeza, que esse polvo nos convidava a retomar a história ali onde ela havia sido interrompida. Então, dávamos a ele o mesmo nome daquele que tínhamos perdido, como se a história continuasse. Os sims antigos nos diziam que é uma boa maneira de honrar a memória daqueles que não estão mais entre nós. Alguns até diziam, os que já haviam testemunhado esse milagre: sabe-se lá? Para os não sims, tratava-se de um modo de curarmos nosso luto – nós que éramos tão jovens e tão frágeis para enfrentar essas perdas. Pois não havíamos aprendido com nossos simbiontes a arte dos truques?, diziam ao nos provocar (os truques dos sims sempre foram um tema delicado no seio de nossa comunidade). Fôramos então hábeis em enganar a nós mesmos, nos iludindo ao imaginar que estávamos reencontrando nosso companheiro... Minha avó ria dessas hipóteses. Não entenderam nada, ela exclamava, os não sims não são capazes de entender.

Eis o que contava minha avó. Ela não está mais aqui, disse Ulisses, e se conservo dela a alegria em compartilhar todas essas histórias, me lembro também de sua tristeza profunda. Pois, esse percurso, marcado pelas mágoas causadas pelas sucessivas perdas de um simbionte, foi substituído um dia pelo desespero de ver que todos haviam desaparecido, e que era preciso aprender a viver sem eles. E aprender a viver sem desejar mudar nada. Continuar a honrar sua memória ou, o que é mais provável, continuar a esperar pelo seu retorno. Foi muito duro para minha avó, bem como para todos os seus companheiros de geração, e dizem que alguns sims acabaram morrendo de tristeza. Nós, os Ulisses, carregamos hoje seu nome. Carregamos seu sonho.

Ulisses se calou e ficamos em silêncio, a contemplar o mar que escurecia. A noite havia caído, Ulisses se levantou e disse: "Vamos, quero lhe mostrar algo." Voltamos e nos instalamos na biblioteca. Ulisses me ofereceu um chá de algas e foi buscar um livro grande em uma das estantes. Sentou-se ao meu lado e abriu na página de uma grande e bela imagem, a pintura de uma flor magnífica: é uma orquídea, *Ophrys apifera*, cuja flor é parecida com as fêmeas das abelhas. Nos tempos antigos, ele me contou então, os machos dessas abelhas tentavam acasalar com ela, e partiam com o pólen que iam depositar mais longe, sobre outra flor. Eram bodas muito bonitas, cujo segredo é guardado pelos vivos, e que ofereciam, tanto para a flor quanto para a abelha macho que assim fora seduzida, encontros muito bonitos e sensuais.[48] Essa orquídea ainda faz flores. Mas nenhuma das abelhas que guardavam sua imagem vem visitá-las, pois estas se extinguiram. O texto que acompanha a imagem nos conta que, sem os seus parceiros, as orquídeas tiveram de se contentar em se autofecundar – "uma estratégia genética de

48 Você, que acompanhou comigo o curso de poesia cartográfica das abelhas, deve certamente recordar dos lindos trechos que se referem à sensualidade dessas bodas no livro de C. Hustak e N. Myers, *Le Ravissement de Darwin*, cuja leitura nos foi recomendada. (N.A.)

último recurso, que apenas retarda o inevitável". Ulisses continuou a ler: "Nada restou da abelha, mas sabemos que ela existiu graças às formas e às cores da flor. Subsiste hoje somente a ideia de como uma abelha fêmea podia parecer para uma abelha macho, tal como foi interpretada por uma planta. Assim, a única memória que temos dessa abelha é uma pintura desenhada por uma flor agonizante."[49]

Cara[50] Sarah, soprou então Ulisses, você entende agora por que tudo o que nós fazemos é importante? Christina, eu sei que você vai entender, mesmo se nem eu entendo muito bem, comecei a chorar. As lágrimas escorriam e eu me perguntava de onde elas vinham. As cores da flor e da abelha, aquelas do rosto da avó, a polvo Heidi que eu revia sonhando, essas crianças solares e cheias de tristeza, tudo se misturava em meus olhos, e a água escorria e pingava sobre as páginas do livro. Então, não sei se foi a emoção ou o cansaço, devido a tudo o que havia acontecido, tive a impressão nessa hora de sentir que algo roçava meus ombros, como se um braço tivesse encostado em mim furtivamente. Ulisses mantinha, no entanto, suas duas mãos juntas sobre o livro, que repousava sobre nossos joelhos. Olhei para ele um pouco surpresa. Ele sorriu, havia recuperado suas cores – o tipo de sorriso que os mágicos exi-

49 Eu localizei essa imagem na rede, bem como o texto citado por Ulisses: "Bee Orchid", m.xkcd.com/1259/. Aliás, me recordei de Donna Haraway, em *Vivre avec le trouble* [ou *Staying with the trouble*], que havia se referido a essa imagem e comentado sobre ela: "Na tirinha de xkcd intitulada *Bee Orchid*, sabemos da existência de um inseto desaparecido porque uma flor viva ainda se parece com os órgãos sexuais da abelha fêmea ávida em copular. Mas esse quadrinho faz algo muito especial; ele não confunde a isca com a identidade, não afirma que a flor é exatamente igual às genitais do inseto extinto. Em vez disso, *a flor coleta obliquamente a presença da abelha, em seu desejo e mortalidade*" (p. 69 [do original em inglês], o grifo é meu, porque, naquele dia, entendi de fato o sentido dessa frase). (N.A.)
50 Cara: em italiano, igual ao português, grafado em itálico no original (N.T.)

bem ao devolverem o relógio que você acreditava ainda estar no seu pulso. Como se ele concordasse com uma pergunta que, aliás, eu nunca teria coragem de fazer. Ele me disse simplesmente: está na hora de começar a dar sentido a esse texto.
P.S.: Christina, se você achar que está tudo bem, pode dizer aos outros que vocês terão notícias minhas daqui a alguns dias.

DE: SARAH.BUONO@ASSOTHEROLINGUISTE.FR
ASSUNTO: RELATÓRIO TRADUÇÃO
DATA: 15 DE SETEMBRO
PARA:CHRISTINA.VENTIN@ASSOTHEROLINGUISTE.FR

PREZADA CHRISTINA, PREZADAS TODAS e prezados todos,
Penso que não chegamos ao fim nem de nossas dificuldades, nem de nossas surpresas. Vocês devem ter achado que houve muita demora desde minha última mensagem, na qual eu anunciava à Christina (de modo um pouco arrogante) que nosso trabalho ia finalmente começar. Porém, vários acontecimentos perturbaram nossos planos. Na tarde de 2 de setembro, logo depois desse anúncio, pescadores chegaram com uma grande notícia. E que notícia! Tinham encontrado um polvo em suas redes. Ele foi solto imediatamente (nosso trabalho afinal serve para alguma coisa, disseram as pessoas da comunidade). Era provável que houvesse outros, certamente um depósito de conchas havia se formado naquele local. Os polvos estariam retornando?

Todos estávamos eufóricos, festejamos a noite toda, fizemos as danças mais extravagantes que eu jamais dancei – a dança da castanhola de rocha, a dança da arraia, do peixe-pau[51] elegante,

51 *Callionymus lyra*: peixe-pau (Portugal), encontrado em várias partes do planeta, desde no mar do Norte, no oceano Atlântico, no mar Negro e no Mediterrâneo até na Mauritânia, na costa da África. (N.T.)

do mexilhão, da vieira, do hipocampo (minha preferida, dançada com um par, vou descrever tudo isso para vocês quando nos encontrarmos). Os Ulisses nos brindaram com uma belíssima dança dos polvos – são capazes de fazer coisas incríveis com suas pernas e seus braços e criam, aos pares, figuras com oito tentáculos de uma elegância e uma graça que me deixaram transtornada.

Na manhã seguinte, os sims que já tinham idade para fazê-lo tomaram o caminho do mar:[52] meu Deus, como a nossa língua é carregada, jamais eles se reconheceriam no que acabo de escrever. Voltaram ontem. Mas a hora não era de alegria. Sim, eles de fato viram alguns polvos ali mesmo onde os pescadores haviam sugerido. Para alguns sims da geração de meu Ulisses, era a primeira vez. Mergulharam e tentaram estabelecer contato. Os polvos permaneciam desconfiados e recusavam a aproximação, o que é totalmente legítimo – os humanos os maltrataram demais. Nossos polvos, dizem os sims mais antigos, nos conheciam e vinham nos procurar durante o mergulho. Alguns sentiam nosso gosto com um de seus tentáculos para nos identificar, outros reconheciam nosso modo particular de nadar. Acontecia de nos puxarem gentilmente pela mão, e saímos, como se estivéssemos de mãos dadas, para passear – suspeitávamos que esses passeios deviam representar para eles momentos de raro relaxamento, pois, enquanto estávamos com eles, os predadores não ousavam aproximar-se e, se por acaso algum se aventurasse a fazê-lo, sabíamos nos defender.

Mas o motivo de sua tristeza não foi a indiferença dos polvos. Esses polvos não se comportavam como aqueles que os antigos haviam conhecido. Manifestavam uma violência extraordinária uns contra os outros. Lançavam pedras, conchas vazias, cuspiam

52 A expressão em francês é "*Ont pris la mer*", literalmente *tomaram o mar*, sem equivalente em português. (N.T.)

nuvens negras com formas assustadoras. Sua pele exibia um cinza muito escuro, indiscutivelmente a cor da raiva e da agressão entre os polvos. Em momento algum a pele daqueles animais apresentava as ondas cromáticas claras, às vezes salpicadas, sempre mutáveis, que acompanham as suas mais sutis emoções e a infinita variedade de suas interações com a luz que incide sobre tudo o que os cerca. Nenhuma tagarelice cromática, nenhuma conversação, somente uma raiva inacreditável.

Sabíamos que, antigamente, alguns polvos, observados em um dos dois vilarejos da costa australiana, podiam jogar objetos. Porém, nas descrições da literatura daquela época, nota-se que os pesquisadores evitam qualificar esses atos como agressões, pareciam ser mais devidos a acidentes: as pedras ou conchas teriam sido lançadas por engano, durante a preparação das tocas. Sem dúvida, pode-se ler,[53] alguns desses polvos devem ter entendido, depois de vários gestos de imperícia, que uma pedra ou uma concha podem ser jogadas intencionalmente. No entanto, dizem os Ulisses, nunca houvera qualquer registro de algo sequer semelhante ao que nós havíamos assistido: uma luta desenfreada.

Meu Ulisses estava triste e cansado. Você vai ver, ele me disse enquanto voltávamos, era sobre isso que os japoneses queriam nos alertar quando afirmavam que "eles não são mais como os de antes", e é o que eu pressentia quando lhe disse "não sabemos *quem* vai voltar para nós". É isso que está acontecendo. E eu acho que é isso que o texto nos indica. Está claro para mim agora.

1. **Lembre-se/me!**
2. **[Ele me] chama do futuro a fim de se tornar.**
   [Ele me] chama do futuro a fim de retornar.

53 Ver a esse respeito D. Scheel et al., op. cit. (N.A.)

3. Não mais ser em aparência.
4. Encontrar a saída. Retornar sempre pelo mesmo caminho.
5. **A saída é um outro caminho.**
6. **Os corpos acolhiam como conchas. Sem mais conchas, sem mais saída. Perigo.**
7. Morrer não é mais regozijante. Sem ovos, viver em águas escuras. Sem saída. O polvo quer comer luz.
8. **O polvo carrega a luz, a luz vem ao polvo. Sem manto, a luz se extingue. O polvo se torna tinta. Negra, depois água. Sem mais aparência.**
9. *Se corpo algum é encontrado, a alma se extraviará. Ptocópodos [pobres em braços] perigo. Ptocópodos memórias em águas vivas. Sem saída. Tornar-se marisco ou peixe. Memórias em águas vivas.*
10. Lentos e agitados os tempos das esperas. Breves e agitados os tempos das existências. A impaciência nos toma.
11. *Falar sem luz é violência. Falar sem tinta é violência. A língua dos sem corpos é carregada de venenos. O polvo sem luz é ptocópodo para o polvo.*

DE: SARAH.BUONO@ASSOTHEROLINGUISTE.FR
ASSUNTO: RELATÓRIO TRADUÇÃO
DATA: 25 DE SETEMBRO
PARA: CHRISTINA.VENTIN@ASSOTHEROLINGUISTE.FR

PREZADA CHRISTINA, PREZADOS TODOS,
Segue abaixo, em linhas gerais, o resultado de nosso trabalho, sabendo que ainda poderá ser aperfeiçoado. De início, temos o sentimento (falo aqui em meu nome e no de Ulisses) que tal texto possui uma função "autobiográfica", indicada pelo fragmento 1, "Lembre-se/me". Não tanto porque o polvo estaria rememorando a própria vida, embora também se trate disso; falamos "função" por esse texto se aproximar mais do gênero

autobiográfico encontrado nos diários íntimos. Por um lado, ele transmite a ideia de uma conversa que esse animal manteria consigo mesmo – o que os polvos não cessam de fazer, com sua "tagarelice cromática" –, "você" e "eu" sendo nesse caso a mesma pessoa, o locutor e o destinatário. Por outro lado, esse fragmento indica que um "si" presente se dirige a um "si" futuro.[54] Esse "Lembre-se/me" é um verdadeiro *memento*, e tivemos razão, segundo Ulisses, de conservar em nossa tradução a formulação equívoca desse *se/me*.

No entanto, na medida em que essa "autobiografia" é a obra de seres múltiplos reunidos em um só corpo, e que ela coloca em cena várias vidas (a presente e a futura), deveríamos talvez, como propõe Ulisses, falar de "sim-biografia". Aliás, devido às diferenças entre as caligrafias, pensamos que tenha sido escrita por três tentáculos. E esses, como Ulisses já havia antecipado, mesmo sem estar totalmente em desacordo, parecem divergir a respeito de alguns pontos. Aparentemente.

Considerando que o tratamento dos fragmentos isolados nos levaria a perder uma parte importante do sentido do texto, resolvemos relacioná-los uns aos outros, considerando, em suas

54 Godfrey-Smith, op. cit., sugeria, a propósito dessa tagarelice contínua, que se trata de um discurso interior, endereçado a si próprio. Espantava-se com o fato das lulas, esses outros cefalópodes, "terem tantas coisas a dizer, que ninguém escuta". Pensava que esse discurso interior poderia ser, em alguns casos, uma forma de experimentação livre e silenciosa, e o comparava a algum tipo de anotação que se escreve para ser lida posteriormente, e que "vai lhe permitir fazer algo mais tarde que terá algum sentido, tendo em vista o que você sabe agora". Godfrey-Smith, que, vamos lembrar, é um autor do século XXI, pensava, entretanto, que o animal não pode ver seus próprios motivos da mesma maneira que uma pessoa pode ouvir o que diz. Reconhece, porém, nos polvos a capacidade de antecipar, isto é, de saber que um "si" futuro não terá as mesmas necessidades de um "si" presente. Aquilo que Thom van Dooren chamava de "esperança" ao falar dos corvos que escondem bolotas de sementes para o futuro – "esperança", pois se trata de uma aposta sobre o fato de que haverá um "si" futuro que vai se alimentar dessas sementes. (N.A.)

interações, alguns como formando uma espécie de diálogo, outros como trazendo algum tipo de esclarecimento. Assim, o fragmento 5, que afirma que "a saída é um outro caminho", caso seja lido sozinho, descreve o modo como os polvos se deslocam, apostando, para se proteger, na imprevisibilidade. Nesse caso, o fragmento 4, o qual afirma que, para encontrar a saída, é preciso retornar sempre pelo *mesmo* caminho, o contradiz. Ora, esse último deve ser lido junto com o fragmento 3, que parece ter sido escrito pelo mesmo tentáculo: "não mais ser em aparência." Assim como o 5 deve, por sua vez, ser lido junto com o 6 (que também alude à saída), pois ambos trazem a marca do mesmo autor: "Os corpos acolhiam como conchas. Sem mais conchas, sem mais saída. Perigo."

Espero que não estejam muito perdidos. Vou tentar tornar o trabalho mais simples, sem analisar cada fragmento em cada uma de suas relações com os outros. Vocês poderão ler essa análise exaustiva em um relatório completo que enviarei mais à frente – quando eu tiver tempo de passar a limpo todas as minhas anotações. Mas acredito que já poderão comprovar por si mesmos e atestar o resultado de nossas experimentações sobre os significados (ou até encontrar outros) quando conhecerem as principais chaves para a interpretação.

Ulisses nos diz que é preciso dedicar uma atenção especial aos tempos gramaticais. Se boa parte dos enunciados se encontra no infinitivo (forma aparentemente privilegiada entre os polvos para designar um sujeito desindividualizado), nota-se que o fragmento 6 remete ao passado ("Os corpos acolhiam como conchas") e que o final da frase, assim como o fragmento seguinte, refere-se a um tempo explicitamente encerrado: "*Sem mais* conchas, *sem mais* sem saída" (fragmento 6); "Morrer não é *mais* regozijante" (fragmento 7). Como destaca esse último fragmento, o texto evoca a morte. De fato, o texto todo fala somente da morte. *De uma morte como saída*. Razão pela qual esse termo é tão empregado. Não indica, como poderíamos crer, esse fato bem conhecido dos polvos – sua mania de sempre procurar descobrir por onde a fuga será possível –, mas o *fim*.

É também o que evoca o fragmento 3, "Não mais ser em aparência". No entanto, cuidado, esse enunciado carrega uma armadilha, apresentando dois sentidos. Sabemos quão importante é a aparência para os polvos: "não mais ser em aparência" remete sem dúvida à ideia de não mais ser, de não mais existir. Mas também significa "em aparência, não mais ser", no sentido de "aparentemente, *e só aparentemente*, algo não é mais". E esses dois significados se comunicam.

O primeiro sentido (não mais ser uma aparência, estar morto) é esclarecido pelo fragmento 8: "O polvo carrega a luz, a luz vem ao polvo. Sem manto [o manto é o corpo principal do polvo], a luz se extingue. O polvo se torna tinta. Negra, depois água. Não mais aparência." "O polvo se torna tinta, depois água" é uma dupla metáfora, remete ao desaparecimento – a água escura como sinal de perda da luz, a água indicando a dissolução da tinta. Contudo, o manto carregando a luz não possui nenhuma função metafórica, descreve aquilo que atesta o fato de que o polvo vive. A relação com o negrume, já anunciada no fragmento 7 ("viver em águas escuras. Sem saída") confirma assim o fato do emprego do termo "aparência" ser uma maneira, para os polvos, de designar a vida em oposição à morte. A vida carrega aparências.

Mas se retomarmos o final do fragmento 7, "Sem ovos, viver em águas escuras. Sem saída. O polvo quer comer luz", um outro sentido emerge para "Não mais ser em aparência", compreendido então como "em aparência, não mais ser". Aviso logo de cara, isso vai facilitar essa leitura um pouco trabalhosa: o polvo diz aqui, explicitamente, com esse "em aparência", entendido como "somente em aparência", que o fato de estar morto com o corpo *não significa o desaparecimento*. Retomando a ligação com o fragmento 4, cujo sentido, lembro a vocês, é que a saída (logo, a morte) faz "retornar sempre pelo mesmo caminho". Em outras palavras: a morte faz os polvos retornarem à vida pelo "mesmo caminho", quer dizer, sob uma forma de vida de polvo. Ou seja: os polvos acreditam na metempsicose.[55] E teriam razão.

Isso, me diz Ulisses, os antigos sims já intuíam. Alguns pensavam que, quando um polvo morre, ele retorna no corpo de outro. *E ele conserva a memória das vidas anteriores*, a memória de todos os corpos de polvos que essa alma (vamos chamar isso assim) *já ocupou*. Vocês devem lembrar daquilo que minha avó contava, daqueles "pequenos milagres" que a levavam a dar o nome de um polvo desaparecido a um recém-chegado. Na verdade, ela ia ainda mais longe. Alegava que polvos totalmente desconhecidos às vezes queriam retomar com algum dos Ulisses brincadeiras que aquele Ulisses em particular havia inventado com um polvo também especial, e que havia desaparecido há muitos anos – jogos aos quais, devido à sua tenra idade, eles não poderiam ter assistido. Conheciam todas as regras, por vezes muito arbitrárias e complicadas, como se alguém as tivesse ensinado, e se comportavam conosco como se prosseguissem uma conversa antiga, que tivesse sido interrompida durante alguns meses ou mesmo alguns anos. Os antigos afirmam: era comum que polvos que julgávamos desconhecidos *nos reconhecessem*.

55 Metempsicose: do grego μετεμψύχωσις (meta, "além de" + pisquê, "alma"), diz respeito à reencarnação ou teorias da reencarnação das almas. Ela não diz respeito apenas à reencarnação de almas humanas em corpos humanos, mas também à reencarnação de outros seres vivos, normalmente animais e vegetais. (N.T. e N.R.T.)

Isso resolveria o enigma que os polvos – e sua imensa inteligência, apesar de uma vida tão curta – representam para os biólogos. Geralmente, considera-se que há uma coevolução entre a vida – tão pouco social – lenta e a inteligência. Admite-se em geral que a inteligência surja de uma vida social complexa e exigente. Isso explicaria também o fato de que parecem saber tantas coisas, tão rápido, embora nasçam órfãos. Certamente, o tempo que as mães dedicam aos seus ovos poderia justificar alguns desses aprendizados, mas não consegue explicar todos eles.

Caso esta hipótese esteja correta, isso explicaria como os polvos sabem todas essas coisas, como reconhecem pessoas significativas desde o primeiro contato – contato que afinal não seria o primeiro. E poderíamos levantar a hipótese, a ser confirmada pelo avanço de nossa tradução, que essa pretensa ausência de sociabilidade *só* ocorre na vida corporal, "sob o manto", na vida das aparências, e que devem acontecer muitíssimas coisas nos interstícios dessas existências. E, mais especialmente, em períodos de grande mortalidade ou de queda da natalidade, nas filas de espera que formam as almas dos polvos. Tal seria então o significado de "os corpos acolhiam como conchas. Não mais conchas, não mais saída. Perigo" (fragmento 6).

Aliás, é a essas filas de espera, a esses períodos de intermitência das existências, que se referem os dois primeiros enunciados do fragmento 7, de acordo com Ulisses, "Morrer não é mais regozijante", de um lado, e, do outro, "Sem ovos, viver em águas escuras". O texto o afirma claramente, o desaparecimento progressivo dos polvos deixa cada vez mais almas ao léu. E isso é um drama. Os polvos querem viver *em aparência*, isto é, de maneira encarnada, e é o que significa o final desse mesmo fragmento: "O polvo quer comer luz."

A luz mencionada aqui não é mais, no entanto, a das aparências, mas a do próprio ciclo da vida. Ulisses me lembra o que propunha o filósofo italiano do início do século XXI Emanuele Coccia quando sugeria o fato de que as plantas foram as responsáveis por capturar e colocar à disposição de todos os seres vivos a luz do sol. Cito o trecho que Ulisses me apontou: "Uma maçã, uma pera, uma batata: são pequenas luzes extraterrestres encapsuladas na matéria mineral de nosso planeta. É essa mesma luz que cada animal busca no corpo do outro quando ele come (não importa que se alimente de outros animais ou de plantas); todo ato de nutrição não passa de um comércio secreto e invisível de luz extraterrestre que, por intermédio desses movimentos, circula de corpo em corpo, de espécie em espécie, de reino em reino."[56]

Os polvos querem comer luz, eles aspiram viver, por mais curta e difícil que seja a sua vida. "Lentos e agitados os tempos das esperas", isso significaria que essas intermitências de existência se assemelhariam ao que era chamado antigamente, em nossas próprias escatologias, de inferno? É o que parece confirmar o fragmento 7, "Morrer não é *mais* regozijante"; é esse "mais" que deve conduzir nossa compreensão. Morrer pode ter sido algo regozijante em épocas passadas para os polvos, com a promessa de reencontrar com um corpo novo as luzes do velho mundo que se foi, de jogar uma nova partida, com a esperança de talvez jogá-la melhor, ou de outro jeito, de retomar contato com velhos conhecidos, de recuperar os prodígios que tornam possíveis a luz e as alegrias das metamorfoses. Mas a sequência desse mesmo fragmento nos diz: "Sem ovos, viver em águas escuras. Sem saída." Fica claro, agora, que muitos polvos não conseguem mais retornar por falta de nascimentos em quantidade suficiente em rela-

56 Emanuele Coccia, "Nous sommes tous une seule et même vie", entrevista a Nicolas Truong, *Le Monde*, 5 ago 2020. (N.A.) Ver também E. Coccia, *A vida das plantas, uma metafísica da mistura* [publicada no Brasil em tradução de Fernando Scheibe, Ed. Cultura e Barbárie, 2018]. (N.T.)

ção ao volume massiço de desaparecimentos. Atenção, o termo "saída" muda seu sentido aqui: a morte, que era a saída da vida, tornou-se morte sem saída.

E o fragmento 11, o mais trágico de todo o texto, é o que esclarece a situação na qual vivem os polvos, nessa procissão de almas cada vez mais numerosas e, sobretudo, desesperadas: "Falar sem luz é violência. Falar sem tinta é violência. A língua dos sem corpos é carregada de venenos. O polvo sem luz é ptocópodo para o polvo." Falar sem luz, é fácil entender, significa falar sem ter um corpo (falar sem as mudanças cromáticas pelas quais os polvos se comunicam uns com os outros), seria igual a falar sem tinta. A língua carregada de venenos: nosso polvo descobriu uma metáfora para descrever a violência que parece se desenvolver, no âmbito de uma concorrência certamente inédita, entre as almas para encontrar um corpo – os venenos se referem à estratégia predadora que numerosos habitantes dos mares, como as águas-vivas ou ainda seus primos, os polvos-de-anéis-azuis,[57] empregam contra suas presas.

O que vem a seguir confirma isso: "o polvo sem luz", diz o trecho (o polvo sem vida corporal), "é ptocópodo para o polvo" – o ptocópodo, o "pobre em braços", é o humano, quer dizer, o predador mais temível. O que se assemelha um pouco ao que se dizia antigamente, de modo bem equivocado quando se conhece os lobos, que o homem é o lobo do homem.

Há outra referência aos ptocópodos no fragmento 9, cujo primeiro trecho será retomado: "Caso não se encontre corpo algum, a alma se extraviará. Ptocópodos perigo. Ptocópodos memórias em águas vivas." Sabemos pela caligrafia dos fragmentos 9 e 11 que ambos os trechos são do mesmo autor. No

57 Pequenos polvos, de apenas 12 cm, que vivem nas costas da Austrália e possuem um veneno muito poderoso. (N.T.)

entanto, a referência aos humanos do fragmento 9 trata de uma outra dimensão, que não a da predação, uma dimensão que expressam aqui essas "memórias em águas vivas". O final do fragmento propõe, aliás, uma analogia entre esses últimos, os humanos, com os mariscos e os peixes, eles também beneficiados por essa mesma memória. A água viva, segundo Ulisses, remete, no que diz respeito à memória, ao que não guarda nenhum rastro, ao que, de fato, está destinado a desaparecer – "Sem saída", novamente aqui.

Desconhecemos o que ocorre com os mariscos e os peixes, mas acreditamos saber que os humanos, se é que suas almas retornam, não guardam lembranças de suas vidas anteriores, com raríssimas exceções – a tarefa cabe a outros, esse é o motivo para honrarmos nossos mortos, essa é a razão por que alguns de nós escrevem. Isso seria a água viva da memória dos humanos (e a dos mariscos e dos peixes), uma memória que se dilui e se apaga. Os polvos teriam compreendido isso – talvez porque, no curso de sua longuíssima vida (se contarmos todas as vidas como uma só), terminaram percebendo que não encontram, entre uma geração de humanos e a seguinte, nenhum ser *realmente* familiar. Mesmo em caso de retorno, não somos mais os mesmos. Não há qualquer continuidade. Embora possamos imaginar também que os polvos nos encarem como totalmente incapazes de retornar, sob qualquer forma – a morte, para nós, seria de uma vez por todas, sem saída. E que, em ambos os casos, nossa memória se extingue conosco. É o destino que também os aguarda, "caso não se encontre corpo algum".

Fica claro agora o sentido dos fragmentos 1 e 2. É uma súplica, um grito: "Lembre-se/me!" Tudo o que vem a seguir não passa da explicitação das razões desse grito. O polvo dirige-se àquele que ele será, num futuro que lhe parece cada vez mais comprometido. Ou talvez ele encare esse grito como um apelo lançado em sua direção, vindo de um futuro longínquo, por aquele pelo qual ele deseja (re)tornar – aquele pelo qual poderá retornar –, mas cuja memória teme ter sido apagada. Seja porque o tempo tenha sido longo demais, seja porque ele poderia retornar sob outra forma, uma forma sem qualquer lembrança das vidas passadas. O que daria ao fragmento 9 um outro significado, caso o adaptássemos levemente "Sem saída [senão] tornar-se marisco ou peixe. Memórias em águas *vivas*." Não é impossível pensar que o polvo imagine que, caso não encontre nenhum corpo, se verá forçado a encarnar sob alguma outra forma viva, marisco ou peixe (ou pior ainda, sob a forma do inimigo, o humano, ele também memória em águas vivas), todas elas formas vivas e encarnadas sem dúvida, mas sem lembranças, logo, sem continuidade na existência. Permanecemos ainda e sempre no campo do desaparecimento.

[Ele me] chama do futuro a fim de se tornar.
[Ele me] chama do futuro a fim de retornar.

Deve-se então imaginar que esse polvo, tendo abandonado qualquer esperança de retornar sob a forma de outro si mesmo, certamente sentindo que não tinha mais muito tempo naquilo que perigava ser sua última vida de polvo, tenha apostado em um dos poderes mágicos da escrita: aquele que tão bem conhecemos e que, entre nós, permite, pelo fato de deixar um rastro, um relato, continuar a existir nas vidas e nas memórias daqueles que nos sucedem. E esse uso, o polvo o teria desviado, ao dirigir-se não a outros, mas à forma de si mesmo que retornará no futuro. Ao endereçar essa mensagem, como uma garrafa ao mar, ao ser que talvez se torne (polvo amnésico, marisco, peixe, humano sem lembranças), e ao esperar que esse ser futuro a encontre, esse polvo autobiógrafo estaria se dando uma chance, mesmo ínfima, de perseverar em seu ser e de se vincular com o que já fora. *Lembre-se! Lembre-me!*

Por enquanto, é só. Esse texto, concluiu Ulisses, nos permite compreender aquilo que ele e os outros sims presenciaram quando encontraram os polvos em alto-mar. Aqueles que conseguiram encontrar ou tomar posse de um corpo talvez tenham logrado fazê-lo por ter recorrido à força ou à violência – mencionadas naquela língua "carregada de venenos". E mesmo que eles próprios não tenham empregado essa violência, voltam para nós cheios de raiva e amargura, com muitas contas para acertar. Acredito, disse, que devemos levar a sério o que, nesse texto, parece ser um apelo, um pedido de socorro, mesmo que não estivessem dirigidos a nós.

DE: SARAH.BUONO@ASSOTHEROLINGUISTE.FR
ASSUNTO: NOTÍCIAS DE CAMPÂNIA
DATA: 25 DE NOVEMBRO
PARA: CHRISTINA.VENTIN@GMAIL.COM

CARA CHRISTINA,
Peço desculpas por esse silêncio, tão longo e indesculpável. Sim, estou bem, não se preocupe, mas tivemos muito trabalho na comunidade, e também muitas mudanças, então resolvi prolongar minha estadia para ajudá-los. Você me diz que é pressionada pelos nossos colegas para me convencer a voltar à razão, ou pelo menos para retomar a redação de minha tese, e agradeço profundamente que discorde deles. Você entendeu perfeitamente, essa tese teórica me parece hoje bem distante de mim, e, sobretudo, sem fundamento. Não acredito que ela seja pertinente neste momento. Você adivinhou corretamente que eu não iria retornar tão cedo. Não queria falar sobre isso antes de ter certeza da minha decisão. A pressão dos acontecimentos nas últimas semanas me deixou pouco tempo livre para refletir sobre o assunto.

Desde o acontecimento tão desesperador da volta dos polvos, e depois que os fragmentos que havíamos traduzido nos permitiram compreender e avaliar a vastidão do desastre, muitas coisas mudaram. É formidável, entusiasmante.

Até agora, a comunidade havia se recusado a aderir aos programas de proteção e de reintrodução estabelecidos desde o século XX – o que explica que não havia mais polvos junto a eles. Esses programas, segundo eles, por mais eficazes que possam ser, são custosos para os animais, aos quais se pede que sacrifiquem boa parte daquilo que mais prezam em prol das futuras gerações da espécie. Exigem frequentemente manter polvos em cativeiro, retirá-los de um ambiente para reimplantá-los em outro; em suma, passar por cima de inúmeras escolhas que eles próprios poderiam ou gostariam de fazer (em particular em matéria de reprodução). Boa parte dos esforços da comunidade concentrava-se no preparo do ambiente de acolhida, na esperança de que algum dia, quiçá, polvos que passassem por ali tivessem a ideia de escolher o local.

Os últimos acontecimentos nos levaram a entender que não temos mais tempo para tal. E tudo o que foi feito até aqui, tendo em vista o que acontece, se mostra insuficiente. Temos de ajudar os polvos a retornar, temos de cuidar deles, devemos auxiliá-los a criar corpos para acolher todas essas almas, antes que seja tarde demais. Trata-se de uma decisão difícil, que contraria vários princípios da comunidade, mas é uma decisão pragmática. Temos de compor com o mundo tal como ele se desenrola, não com o mundo tal como desejaríamos que fosse. Alertas, no entanto, para permanecermos o mais próximos daquilo que pensamos que esse mundo desejaria, experimentando, improvisando, e rogando que o mundo não se irrite com nossos erros.

Demos então o passo decisivo. Pedimos aos pescadores da região que trouxessem todos os polvos com os quais eles cruzassem pelo caminho. Era preciso preparar habitações, espaços de cuidado e de vida. Organizamos casas-laboratório que chamamos de ShanjuLab – nome de um coletivo de artistas que, no século XXI, compartilhava sua moradia comunitária com animais, inclusive polvos.[58] A responsabilidade é dos sims, que cuidam de tudo, brincam com eles, e, sobretudo, tentam ajudá-los a recuperar a paz, apesar do cativeiro onde os colocamos. Rogamos que, quando um de nossos polvos morrer, retorne para nós – serão necessárias gerações e gerações para reparar o mal.

Também prosseguimos com nosso trabalho no mar. Adaptamos grandes tanques fechados e protegidos, uma espécie de santuário, e deixamos ali alguns polvos que nos pareciam prontos para retomar uma vida calma, mais próxima daquela que eles haviam conhecido em outra época (as cores que exibem os traem, é nossa sorte). Mas sempre nos mantemos vigilantes, não queremos que as coisas saiam do controle. Esperamos chegar a alguns milhares de nascimentos daqui a uns três meses. Eu sei que isso é uma gota d'água no oceano. E nada garante que não tenhamos de lidar durante muito tempo com polvos violentos, ou profundamente traumatizados por um período longo e difícil de intermitência entre sua morte e seu retorno sob uma forma encarnada.

Aliás, a comunidade decidiu outra grande mudança: tornar a língua sim acessível para todos. Foi criada uma escola, a escola Rimini Protokoll,[59] e um de seus professores é o "meu" Ulis-

58 Esse coletivo, baseado em Gimel, na Suíça, era um laboratório de pesquisa teatral sobre a presença animal. Especializou-se no acompanhamento livre de animais. (N.A.)

59 O nome foi sugerido pelo meu Ulisses, um erudito, para lembrar um coletivo de artistas que montou, em 2020, peças de teatro encenadas por um único ator, um polvo (*Temple du présent, Solo pour Octopus*, de Stefan Kaegi, em colaboração com o coletivo do ShanjuLab). Era, segundo Ulisses, o contrário de um espetáculo de circo. O animal não era amestrado e dava somente o que tinha para dar. (N.A.)

ses. Acompanho as aulas com paixão, ao lado de vários outros membros da comunidade, inclusive muitos pais não sims que vivem com uma criança sim. Acho que isso pode mudar muitas coisas no interior das famílias.

Finalmente, encontrei dois projetos nos quais penso que poderei ser útil. Formamos uma biblioteca de literatura e de poesia dos polvos, e estou reunindo vídeos de jatos de tinta para completar, numa primeira fase, o léxico que já havíamos elaborado. A propósito, creio que deveríamos rever um pouco a tradução que já havíamos realizado – acredito ter detectado alguns erros, mas isso não compromete o sentido geral, não há pressa. Temos a intenção de promover um trabalho semelhante com a poesia das mudanças cromáticas, embora estas permaneçam totalmente incompreensíveis para mim. Também fizemos progressos consideráveis no que se refere ao vocabulário de tinta dos insultos e palavrões, o que indica que as coisas provavelmente só mudarão de modo muito lento.

Nas minhas horas de lazer, me inscrevi num curso de cerâmica oferecido por uma nova seção da escola de artes da comunidade. Até recentemente, só eram ensinados o desenho com tinta, a música e a arte de trançar redes. Foram criados agora cursos de tatuagens cromáticas e de esculturas de pedras e conchas (parece que os polvos adoram, e, se tudo der certo, eles serão os jurados da prova de fim de ano). O nome da escola foi rebatizado Escola Shimabuku, um nome sugerido pelos composteiros japoneses e que honra a memória de um de seus artistas do século XXI.[60] Consciente do fato de que os polvos tinham suas próprias preferências estéticas, Shimabuku havia

60 Em sua exposição "Pedra de polvo", Shimabuku reuniu numerosas pedras e conchas que estavam sendo carregadas pelos polvos quando de sua captura, e que seriam testemunhas de suas preferências estéticas. Isso nos serviu de inspiração para o curso. (N.A.)

redirecionado uma velha técnica de pesca, conhecida tanto em Nápoles quanto no Japão, que consiste em apresentar aos polvos uma jarra amarrada a uma corda, a fim de que estes, ao ali buscarem refúgio, terminassem presos na armadilha. No entanto, para Shimabuku, não se tratava mais de capturá-los, mas de oferecer a eles espaços de vida de acordo com seus gostos, ao mesmo tempo que estudava suas preferências por cores. Em suma, de criar arte dirigida aos polvos.[61]

As crianças sims me contam estar muito felizes com todas essas mudanças, especialmente pela possibilidade de retomar um contato "na pele [*pod.*] e na água" com polvos de verdade, com seus mantos e tentáculos. Isso, dizem eles ainda, lhes confere finalmente responsabilidades concretas – em língua sim, esse termo é expresso por "obediência ao que requer atenção", e também significa "curiosidade". "Aprendemos muito com os polvos, nos ensinaram nossos modos de ser e de sentir, é a nossa vez agora de ensinar a eles aquilo que sabemos."

Escrevo neste fim de tarde à beira de um tanque de mar, o *tablet* apoiado nos joelhos, e não me canso de olhar um adolescente sim tentando se aproximar de um polvo que acaba de ser transferido de um aquário. Havíamos observado esse polvo sonhar durante alguns dias, e suas cores claras e cintilantes nos indicaram que ele estava provavelmente apto a novas experiências. O adolescente chega mais perto. Observe, me diz Ulisses. Ele estende o braço. O polvo encosta seu tentáculo delicadamente e o enrola em torno do braço do garoto. Cada uma de suas pequenas ventosas se cola à sua pele. Ele está sentindo o seu gosto, diz Ulisses. Bem devagar, o menino coloca a outra

61 Isso resultou na exposição "Escultura para polvos: em busca de suas cores favoritas", inaugurada no Centro de Arte Contemporânea de Ivry, em 2010. (N.A.)

mão sobre o tentáculo. Prendemos a respiração. O polvo se afasta de modo brusco. Ulisses sussurra: É um bom começo, estão aprendendo a se relacionar. Não desanime, diz, muito baixo para ser escutado. Acho que está falando sozinho. É um bom começo. Um dia, quem sabe, os dois dançarão a mesma dança. Mas o que acabamos de ver já é muito.

A maioria dos Ulisses deve se contentar em passar alguns momentos imóveis, simplesmente estar ali. Esperando que os polvos estejam prontos. Os sims chegam todos os dias na mesma hora, seja para ficar parados em frente ao aquário, seja para nadar em algum tanque. Não se sabe se a hora tem algum significado para os polvos, nem se eles têm alguma ideia do que é um encontro marcado; tentamos somente ser previsíveis, mesmo que apenas para nós mesmos. E quando um polvo sai de sua toca quando chegamos, isso já é uma grande vitória.

Você sabe, me diz Ulisses, há um termo em nossa língua que poderia ser traduzido por "convir", como nos referimos ao fato de alguma coisa ser conveniente a outra, ou, mais exatamente, como as coisas convêm umas às outras. É parte do que tentamos fazer enquanto esperávamos a volta dos polvos. Sim, claro, queríamos fazê-los existir enquanto presença, apesar da ausência deles (e até você, Sarah, acreditou nisso nos primeiros dias de sua estadia, o que não provocou o riso de ninguém, mas deixou muita gente contente). E tratava-se também de nos aprontarmos, de modo a que o encontro "nos conviesse" ativamente, que pudéssemos "convir" em um acordo. Mas há algo mais. No dicionário da língua sim, pode-se ler que esse termo designa originalmente uma força que faz com que as coisas do mundo "convenham" umas às outras – e isso tanto pode significar alianças, afinidades quanto fricções e conflitos. Essa força não é nem boa nem ruim; ela é, quando pode ser, mas é bom que seja. É ela que faz com que as coisas do mundo "se mantenham" juntas e umas com as outras, elo por elo; é ela que permite também que um ambiente persevere, que a água suba nas árvores e que os cogumelos conspirem com elas; é o que faz a vida de cada um ser mantida pela dos demais. Ora, me diz Ulisses, essa força, estamos convencidos, foi profundamente alterada – mesmo que seja somente porque nós mesmos, como muitos seres, não estamos mais sensíveis a ela, apesar de não ser essa a única causa. O fato de tudo estar tão danificado e fragmentado poderia por si só explicar essa perda – nossa anestesia em relação a ela não passa talvez de um efeito que se transformou em causa. Então, claro, era preciso estarmos prontos para encontrar os polvos, e nossos esforços para continuar a agir como se ainda estivessem aqui, realizar todos os gestos da simbiose, preparavam esse reencontro. Mas, mesmo que esse encontro não pudesse acontecer, fazer tudo isso, repetir esses gestos, cultivar esses modos de ser, era alimentar essa força de "conveniência", fazê-la existir, mesmo para nada, mesmo no vácuo, apenas por ela – e também com a esperança secreta de que essa força, porque foi revitalizada, empurrasse um dia os polvos em nossa direção, e os fizesse retornar.

Olhe para eles, Sarah, tivemos sorte, a água está muito límpida, ele está fazendo uma nova tentativa. Desta vez, ele deixa o braço quieto, só para acolher. Ele precisa subir para respirar. Vamos ver se o polvo vai atrás. Não, ainda não foi desta vez. Não desanime. Vamos dar uma olhada nos nossos outros hóspedes nos aquários.

Retornamos para os laboratórios. Um pouco mais tarde, quando íamos jantar, Ulisses me perguntou com uma piscadela cúmplice: tudo isso não te desperta um desejo, Sarah? Dez anos de minha vida, respondi rindo, não, quinze, para viver isso. Sarah, ninguém mais neste mundo tem a eternidade pela frente. Aprenda a conhecer o mar, aprenda a prová-lo com sua pele, seus músculos, seus olhos, sua boca, aprenda o sal, a espuma e as plantas marinhas, as correntes quentes e frias, aprenda a água da noite e aquela depois das tempestades, aprenda o gosto dos corpos que vivem aqui e daqueles que se decompõem e se alimentam de outros seres, aprenda também os peixes que os fazem morrer, sinta o gosto de tudo isso e agradeça, na raiva e na alegria. Você nos ajudará.

Cara Christina, estou no meu quarto. Antes de terminar, queria lhe pedir uma coisa que é muito importante para nós. Gostaria que você procurasse os pescadores de Cassis, para que eles indiquem o local exato onde foram encontrados os fragmentos. Ulisses e eu pensamos em voltar e colocá-los no mesmo lugar. Não é correto que fiquem conosco. Faremos uma cópia, para os nossos polvos daqui. Mas outros devem ter a possibilidade de lê-los – talvez isso mude algo para eles? E, caso o seu autor volte, ficará talvez feliz em reencontrar-se, ou, caso tenha perdido a memória, como temia, quem sabe sua própria mensagem não desperte dentro dele alguma coisa semelhante a uma reminiscência?

Cara Christina, minha amiga genial de tão longe. Penso em você. Me perdoe por não voltar. Daqui, estou com vocês, enviarei textos de polvos, e vocês ainda poderão me ajudar nas traduções. Você saberá que estou feliz. Que vivo com todo o meu corpo, que a luz é esplêndida e as noites alegres. Vou agora. O mar me espera.

Sim-fielmente,
Sarah

AGRADECIMENTOS

SOBRE AS ARANHAS

O relatório a respeito dos *tinnitus* atendeu originalmente a um pedido do estúdio Tomás Saraceno e do The Shed para a exposição "Tomás Saraceno: Particular Matter(s)" e foi publicado pela primeira vez em inglês com o título "The Tinnitus Inquiry", in Emma Enderby (org.), *Tomás Saraceno: Particular Matter(s)*, Koenig Books-The Shed, Nova York-Londres. Recebeu o apoio inestimável de Tomás Saraceno, Ally Bishop, Connie Chester e Grace Sparapani.

Disponível em <https://studiotomassaraceno.org/particular-matters-the-shed/>, o texto que integra este livro foi modificado e enriquecido devido à descoberta pela autora do relatório, posterior à sua primeira versão, de novos arquivos (em especial a resposta do psiquiatra para a sra. Wells). Meus profundos agradecimentos ao Shed e a Tomás Saraceno por terem generosamente autorizado a publicação em francês.

SOBRE OS VOMBATES

Donna Bird, Joey von Batida e Deborah Oldtim devem muito a Julien Pieron e François Thoreau, com quem mantiveram um diálogo constante, e quem os guiaram e aconselharam, à medida que ganhavam existência, e a Émilie Hermant, que os releu cuidadosamente. Já Vanessa Dittmar agradece Thibault de Meyer por ter lhe dado acesso a documentos esquecidos atestando a existência de uma forma religiosa entre os chimpanzés.

SOBRE OS POLVOS

A ideia de uma língua, como diz Ulisses, "sem centro, uma língua atravessada, ou de atalhos", foi soprada por Henri Trubert, a quem Ulisses e eu agradecemos calorosamente, bem como a Sophie Marinopoulos e a Julien Pieron, por tudo o que acrescentaram para a língua e a educação dos sims, e por seus conselhos de leitura. A ideia de que "aprender é provar" não vem só dos polvos. Ela foi inspirada pela belíssima leitura feita por Isabelle Stengers do "*sapere aude*" kantiano, esse "ouse saber", cujo sentido original era aquele conferido pelo poeta romano Horácio: "Ouse provar", ensine aos seres de aqui e agora a conhecer o que importa. Por isso, e por todas as outras coisas que ela me ensinou, eu agradeço, assim como agradeço a Donna Haraway e a Bruno Latour. Os polvos e seus sims devem muito aos três, e também a Christine Aventin e a Émilie Hermant, que me ajudaram com sua magnífica generosidade a construir seu mundo e a sustentá-lo às vezes de um modo um pouco mais sólido.

Enfim, todos, aranhas, vombates e polvos, therolinguistas, theroarquitetos, sócios da associação Ciências Cosmofônicas e Paralinguísticas e composteiros agradecem a Stéphane Durand por suas revisões tão cuidadosas e encorajadoras em cada etapa. E ainda a Jean-Marie Lemaire, Pauline Bastin e Laurent Jacob, Laurence Bouquiaux, Catherine Mariette, Gilles Lacombe, Valérie Pihet, Sarah McCullin e Nicolas Béquart, Laurence e Philippe Delœuvre, Alba, além de todos aqueles aos quais me referi nos agradecimentos acima, por seu modo de povoar meu mundo, ouvir aqueles que o compõem e por, simplesmente, estarem aqui.

REFERÊNCIAS

Este trabalho sobre as aranhas, seus interlocutores e os *tinnitus* foi amplamente inspirado pelas publicações a seguir:

BOYS, C. V. "The Influence of a Tuning-Fork on the Garden Spider", *Nature*, n. 23, p. 149-150, 1880.

____ *Soap Bubbles, Their Colours and the Forces Which Mould Them.* Washington: Smithsonian Institution, Washington, DC, 1912.

EBERHARD, William."Art Show", in GRIMA, J. ; Pezzato, G. (Ed.), *Cosmic Jive: Tomás Saraceno, The Spider Sessions*. Gênova: Asinello Press, 2014.

HAGELSTEIN, Maud. *Tomás Saraceno, parler avec l'air. Vers un autre modèle de la participation,* conferência apresentada no grupo de contato FNRS "Museus e arte contemporânea" em 26 de abril de 2019, disponível em <orbi.uliege.be/ handle/2268/234841>.

HILL, Peggy Sue M.; WESSEL, Andreas, "Biotremology", *Current Biology*, v. 26, n. 5, p. R187-R191, 2016.

LE GUIN, Ursula K.. "The Author of the Acacia Seeds. And Other Extracts from the *Journal of the Association of Therolinguistics*", in *The Compass Rose: Stories*. Nova York: Harper and Collins, [1974] 2005, p. 3-14. [Ed. bras. :"A autora das sementes de acácia e outras passagens da *Revista da Associação de Therolinguística*". Tradução de Gabriel Cevallo. Revisão de Fernando Silva e Silva, 2021. Disponível em <https://kinobeat.com/wp-content/uploads/2021/09/Traducao-oficial-A-autora-das-sementes-de-acacia-.pdf>.

PARKER, Selcuk.; SIRIN, Alperen. "Parallels between phantom pain and tinnitus", *Med Hypotheses*, v. 91, p. 95-97, 2016.
SHAFFER, Lawrance F. "Frederic Lyman Wells: 1884-1964", *The American Journal of Psychology*, v. 77, n. 4, p. 679-682, 1964.
WELLS, F. L., "'Orbweavers' Differential Responses to a Tuning-Fork", *Psyche*, v. 43, n. 1, p. 10-13, 1936.
____. "'Shuttling' in *Argiope aurantia*", *Psyche*, v. 45, p. 62-71, 1938.
WELLS, Herbert George. *The World of William Clissold*. Londres: Ernest Benn Limited, 1926.
ZEITLYN, David. "Mambila Divination", *The Cambridge Journal of Anthropology*, v. 12, n. 1, p. 20-51. 1987.
ZYPORIN, Evan. "Jam Sessions", in BAUER, U. M. ; RUJOLU, A. (org.), *Tomás Saraceno: Arachnid Orchestra. Jam Sessions*, NTU Center for Contemporary Art, Cingapura, 2017.
Sem esquecer do fantástico trabalho de pesquisa, de escrita, de performances e de exposições de Tomás Saraceno.

*

AS PESQUISAS SOBRE OS VOMBATES FORAM ALIMENTADAS PELAS PUBLICAÇÕES A SEGUIR:

CAMPOS, Stephanie M.; STRAUSS, Chloe; MARTINS, Emília P. "In Space and Time: Territorial Animals Are Attracted to Conspecific Chemical Cues", *Ethology*, v. 123, n. 2, p. 136-144, 2017.
DOUGLAS-HAMILTON, Iain; DOUGLAS-HAMILTON, Oria. *Among the Elephants*. Nova York: The Viking Press, 1975.
FRISCH, Karl Von. *Animal Architecture*. San Diego: Harcourt, 1974.
GOSLING, L. Morris. "A Reassessment of the Function of Scent Marking in Territories", *Zeitschrift für Tierpsychologie*, v. 60, n. 2, p. 89-118, 1982.
HANSELL, Mike. *Built by Animals: The Natural History of Animal Architecture*. Oxford: Oxford University Press, 2008.

HARROD, James B. "The Case for Chimpanzee Religion", *Journal for the Study of Religion Nature and Culture*, v. 8, n. 1, p. 8-45, 2014.

HASLAM, Michael et al. "Primate Archeology", *Nature*, v. 460, 2009, p. 339-344.

HOPKINS, Willian D.; RUSSELL, Jamiel L.; SCHAEFFER, Jennifer A. "The Neural and Cognitive Correlates of Aimed Throwing in Chimpanzees: A Magnetic Resonance Image and Behavioural Study on a Unique Form of Social Tool Use", *Philosophical Transactions of the Royal Society* B, v. 367, p. 37-47, 2012.

HUME, Ian D.; BARBOZA, Perry S. "The Gastrointestinal Tract and Digestive Physiology of Wombats", in WELLS, R. T. ; PRIDMORE, P. A. (org.), *Wombats*, Chipping Norton: Surrey Beatty & Sons, 1998, p. 67-74.

KÜHL, Hjalmar S. et al. "Chimpanzee Accumulative Stone Throwing", *Scientific Reports*, v. 6, art. N. 22219, 2016.

LE GUIN, Ursula K. "The Author of the Acacia Seeds. And Other Extracts from the *Journal of the Association of Therolinguistics*", in *The Compass Rose: Stories*. Nova York: Harper and Collins, [1974] 2005, p. 3-14. [Ed. bras.: "A autora das sementes de acácia e outras passagens da *Revista da Associação de Therolinguística*". Tradução de Gabriel Cevallo. Revisão de Fernando Silva e Silva, 2021. Disponível em <https://kinobeat.com/wp-content/uploads/2021/09/Traducao-oficial-A-autora-das-sementes-de-acacia-.pdf.>

PARKER, Selcuk.; SIRIN, Alperen. "Parallels between phantom pain and tinnitus", *Med Hypotheses*, v. 91, p. 95-97, 2016.

PARIS, M. C. J. et al. "Faecal Progesterone Metabolites and Behavioural Observations for the Non-Invasive Assessment of Oestrous Cycles in the Common Wombat *(Vombatus ursinus)* and the Southern Hairy-Nosed Wombat *(Lasiorhinus latifrons)*", *Animal Reproduction Science*, v. 72, n . 3-4, p. 245-257, 2002.

ROWELL, Thelma. "A Few Peculiar Primates", in STRUM, S. ; FEDIGAN, L. (org.). *Primate Encounters: Models of Science, Gender and Society*. Chicago: University of Chicago Press, 2001, p. 57-71.

SERRES, Michel. *Darwin, Bonaparte et le Samaritain, une philosophie de l'histoire*. Paris: Le Pommier, 2016.

SIEGEL, Ronald K. "Religious Behavior in Animals and Man: Drug-Induced Effects", *Journal of Drug Issues*, v. 7, p. 219-236, 1977.

____. "The Psychology of Life After Death", *American Psychologist*, v. 35, n. 10, p. 911-931, 1980.

TELEKI, Geza. "Group Response to the Accidental Death of a Chimpanzee in Gombe National Park, Tanzania", *Folia Primatologica*, v. 20, n. 2-3, p. 81-94, 1973.

YANG Patricia J. et al. "Law of Urination: All Mammals Empty Their Bladders over the Same Duration", arXiv:1310.3737 [physics.flu-dyn], 26 mar, 2014.

YANG, Patricia. et al. "How, and Why, Do Wombats Make Cube-Shaped Poo?", *71st Annual Meeting of the APS Division of Fluid Dynamics*, v. 63, n. 13, 2019.

BEM COMO:

ABRAM, David. *Comment la terre s'est tue*. Tradução de Didier Demorcy e Isabelle Stengers. Paris: La Découverte, 2013.

DEBAISE, Didier. "Le récit des choses terrestres. Pour une approche pragmatique des récits", *Corps-Objet-Image*, n. 4, 2019.

HARAWAY, Donna. *Vivre avec le trouble*. Tradução de Vivien García. Vaulx-en-Velin: Éditions des Mondes à Faire, 2020.

LATOUR, Bruno. *L'Enquête sur les modes d'existence*. Paris: La Découverte, 2012. [Ed. bras.: *Investigação sobre os modos de existência. Uma antropologia dos modernos*. Tradução de Alexandre Agabiti Fernandez. Petrópolis: Vozes, 2019.]

____. *Face à Gaïa*. Paris: La Découverte, 2015. [Ed. bras.: *Diante de Gaia, Oito conferências sobre a natureza no Antropoceno*. Tradução de Maryalua Mayer, revisão de André Magnelli. São Paulo: Ubu, 2020.]

MORIZOT, Baptiste. *Manières d'être vivant*. Arles: Actes Sud, 2020.

SERRES, Michel. *Le Contrat naturel*. Paris: Flammarion, 1990. (Coleção Champs) [Ed. bras.: *O contrato natural*. Tradução de Serafim Ferreira, [S.l.] Instituto Piaget, 1994].

*

AS PESQUISAS SOBRE OS POLVOS SE BENEFICIARAM DAS LUZES DE:

ABRAM, David. *Comment la terre s'est tue*. Tradução de Didier Demorcy e Isabelle Stengers. Paris: La Découverte, 2013.

ALBRECHT, Glenn. *Les Émotions de la terre*. Tradução de Corinne Smith. Paris: Les Liens qui libèrent, 2020.

AMEISEN, Jean-Claude. Prefácio para a edição francesa de GODFREY-SMITH, P. *Le Prince des profondeurs*. Tradução de Sophie Lem. Paris: Flammarion, 2018. [Ed. bras.: *Outras mentes: o polvo e a origem da consciência*. Tradução de Paulo Geiger. São Paulo: Todavia, 2019.]

Anderson, Roland C. et al. "Octopuses (*Enteroctopus dofleini*) Recognize Individual Humans", *Journal of Applied Animal Welfare Science*, v. 13, n. 3, p. 261-272, 2010.

BENVENISTE, Émile. *Problèmes de linguistique générale*, t. I. Paris: Gallimard, 1966. [Ed. bras.: *Problemas de linguística geral*. Tradução de Maria da Glória Novak e Luíza Neri. São Paulo: Companhia Editora Nacional, 1976.]

CASSIN, Barbara. *Dictionnaire des intraduisibles (Vocabulaire européen des philosophies)*. Paris: Seuil, 2019.

COCCIA, Emanuele. "Emanuele Coccia: 'Nous sommes tous une seule et même vie'", entrevista com Nicolas Truong, *Le Monde*, 5 ago 2020.

COUSTEAU, Jacques-Yves; DUMAS, Frédéric. *Le Monde du silence*. Paris: Éditions de Paris, 1953. [Ed. bras.: *O mundo silencioso*. Tradução de Virgínia Lefèvre. Belo Horizonte: Itatiaia, 1969.]

DAMASIO, Alain. *La Horde du contrevent*. Clamart: La Volte, 2004.

____. *Les Furtifs*. Clamart: La Volte, 2019.

DEBAISE, Didier. "Le récit des choses terrestres. Pour une approche pragmatique des récits", *Corps-Objet-Image*, n. 4, p. 17, 2019.

DELEUZE, Gilles; GUATTARI, Felix. *Mille plateaux. Capitalisme et schizophrénie*, 2 ("1837, De la Ritournelle"). Paris: Éditions de Minuit, 1980. [Ed. bras.: *Mil platôs, capitalismo e esquizofrenia, vol. 4*, capítulo "1837. Acerca do Ritornelo". Tradução de Suely Rolnik. São Paulo: Editora 34, 1995.]

GARCIN, Jerome. *Le Voyant*. Paris: Gallimard, "Folio", 2014.

GODFREY-SMITH, Peter. *The Octopus, the Sea and the Deep Origins of Consciousness*, Farrar, Straus and Giroux, 2016. [Ed. bras.: *Outras mentes: o polvo e a origem da consciência*. Tradução de Paulo Geiger. São Paulo: Todavia, 2019.]

GRASSO, Frank; BASIL, Jennifer Anne, "The Evolution of Flexible Behavioral Repertoires in Cephalopod Molluscs", *Brain, Behavior and Evolution*, v. 74, n. 3, p. 231-245, 2009.

HARAWAY, Donna. *Vivre avec le trouble*. Tradução de Vivien García. Vaulx-en-Velin: Éditions des Mondes à Faire, 2020.

HEARNE, Vicki. *Animal Happiness*. Nova York: Harper and Collins, 1994.

HUSTAK, Carla; MYERS, Natasha. *Le Ravissement de Darwin*. Tradução de Philippe Pignarre, rev. Fleur Courtois- Lheureux. Paris: La Découverte/Les Empêcheurs de Penser en Rond, 2020. [Ed. orignal: "Involutionary Momentum. Affective Ecologies and the Sciences of Plant/Insect Encounters", *Differences*, v. 25, n. 3, p. 74-118, 2013. Disponível em <https://doi.org/10.1215/10407391-1892907>]

KUBA, Michael J. et al. "When Do Octopuses Play? Effects of Repeated Testing, Object Type, Age, and Food Deprivation on Object Play in *Octopus vulgaris*", *Journal of Comparative Psychology*, v. 120, n. 3, p. 184-190, 2006.

LATOUR, Bruno. "Factures/fractures: de la notion de réseau à celle d'attachement", *Ethnopsy*, n. 2, p. 43-66, 2001.

LORRAIN, Dimitri. "D'une convenance ouvrant à de nouveaux possibles", in DEBAISE, D. et al. (org.). *Faire art comme on fait société*. Dijon: Les Presses du Réel, 2013, p. 71-88.

MATHER, Jennifer A. "Behaviour Development: A Cephalopod Perspective", *International Journal of Comparative Psychology*, v. 19, n. 1, p. 98-115, 2006.

MORIZOT, Baptiste. *Manières d'être vivant*. Arles: Actes Sud, 2020.

NIXON, Rob. "From Restraining Orders to Assassinations, the Dangerous Work of Saving the Monarchs", *Boston Review*, 29 jul.2020.

PAVY, Mélanie. "Nostalgie après la fin du monde", in MARTOUZET, D.; LAFFONT, G.-H. (org.). *Ces lieux qui nous affectent*. Paris: Hermann, 2020.

PORTMANN, Adolf. *La Forme animale*. Tradução de Georges Remy. Paris: La Bibliothèque, [1948] 2013.

PRÉVOST, Bertrand. "Camouflage élargi. Sur l'individuation esthétique", *Aisthesis: Pratiche, linguaggi e saperi dell'estetico*, v. 9, n. 2, p. 7-15, 2016.

SACKS, Oliver. *Un anthropologue sur Mars*. Tradução de Christian Cler. Paris: Seuil, 1996. [Ed. bras.: *Um antropólogo em Marte*. Tradução de Bernardo Carvalho. São Paulo: Companhia das Letras, 2006.]

SCHEEL, D. et al. "A Second Site Occupied by *Octopus tetricus* at High Densities, with Notes on their Ecology and Behavior", *Marine and Freshwater Behaviour and Physiology*, v. 50, n. 4, p. 285-291, 2017.

SOURIAU, Étienne. *Le Sens artistique des animaux*. Paris: Hachette, 1965.

VAN DOOREN, Thom. *Flight Ways. Life and Loss at the Edge of Extinction*. Nova York: Columbia University Press, 2014.

OBRAS DE VINCIANE DESPRET

NAISSANCE D'UNE THÉORIE ÉTHOLOGIQUE : LA DANSE DU CRATÉROPE ÉCAILLÉ. Paris: Les Empêcheurs de penser en rond, [1996] [2004] 2021.

CES ÉMOTIONS QUI NOUS FABRIQUENT: ETHNOPSYCHOLOGIE DE L'AUTHENTICITÉ. Paris: Les Empêcheurs de penser en rond, [1999] 2001.

QUAND LE LOUP HABITERA AVEC L'AGNEAU. Paris: Seuil/Les Empêcheurs de penser en rond, 2002 ; Reed. La Découverte/ Les Empêcheurs de penser en rond, 2022.

HANS, LE CHEVAL QUI SAVAIT COMPTER. Paris: Seuil/Les Empêcheurs de penser en rond, 2004.

LES GRANDS SINGES. L'HUMANITÉ AU FOND DES YEUX, com Chris Herzfeld, Dominique Lestel et Pascal Picq. Paris: Odile Jacob, 2005. (Coleção Sciences).

BÊTES ET HOMMES. Paris: Gallimard, 2007.

ÊTRE BÊTE, com Jocelyne Porcher. Arles: Actes Sud, 2007.

PENSER COMME UN RAT, Quæ, [2009] 2016.

LES FAISEUSES D'HISTOIRES. QUE FONT LES FEMMES À LA PENSÉE ?, com Isabelle Stengers e colaboração de Françoise Balibar, Bernadette Bensaude-Vincent, Laurence Bouquiaux, Barbara Cassin, Mona Chollet, Émilie Hache, Françoise Sironi, Marcelle Stroobants e Benedikte Zitouni. Paris: La Découverte/Les Empêcheurs de penser en rond, 2011.

QUE DIRAIENT LES ANIMAUX SI... ON LEUR POSAIT LES BONNES QUESTIONS ? Paris: La Découverte/Les Empêcheurs de penser en rond, [2012] 2014. [Ed. bras.: *Que diriam os animais? Fábulas científicas.* Tradução Leticia Mei. São Paulo: Ubu, 2021]

CHIENS, CHATS... POURQUOI TANT D'AMOUR? com Éric Baratay, Claude Béata e Catherine Vincent. Paris: Belin, 2015. (Coleção L'atelier des idées)

AU BONHEUR DES MORTS. La Découverte/Les Empêcheurs de penser en rond, [2015] 2017.

LE CHEZ-SOI DES ANIMAUX. Arles: Actes Sud, 2017.

HABITER EN OISEAU. Arles: Actes Sud, 2019. (Coleção Mondes sauvages)

Título original: *Autobiographie d'un poulpe: et autres récits d'anticipation*

Este livro foi revisado segundo o Acordo Ortográfico da Língua Portuguesa de 1990, em vigor no Brasil desde 2009.

EDIÇÃO Ana Cecilia Impellizieri Martins

COORDENAÇÃO EDITORIAL Meira Santana

COORDENAÇÃO DA COLEÇÃO DESNATURADAS Alyne Costa e Fernando Silva e Silva

TRADUÇÃO Milena P. Duchiade

REVISÃO TÉCNICA Fernando Silva e Silva

COPIDESQUE Elisabeth Lissovsky

REVISÃO Mariana Oliveira

CAPA E PROJETO GRÁFICO Elisa von Randow / Alles Blau

ASSISTÊNCIA DE DESIGN Beatriz Oliveira / Alles Blau

CIP-BRASIL. CATALOGAÇÃO NA PUBLICAÇÃO / SINDICATO NACIONAL DOS EDITORES DE LIVROS, RJ

D489a
Despret, Vinciane
Autobiografia de um polvo : e outras narrativas de antecipação / Vinciane Despret; coordenação da coleção Alyne Costa, Fernando Silva e Silva ; tradução Milena P. Duchiade. - 1. ed. - Rio de Janeiro: Bazar do Tempo, 2022. 160 p. ; 20 cm. (Desnaturadas)
Tradução de: Autobiographie d'un poulpe : et autres récits d'anticipation
Inclui bibliografia
Inclui glossário
ISBN 978-65-84515-15-4
1. Animais - Sons. 2. Comunicação animal. 3. Animais - Comportamento. I. Costa, Alyne. II. Silva, Fernando Silva e. III. Duchiade, Milena P. IV. Título. V. Série.
22-79921 CDD: 591.59 CDU: 591.5

Meri Gleice Rodrigues de Souza - Bibliotecária - CRB-7/6439 12/09/2022 14/09/2022

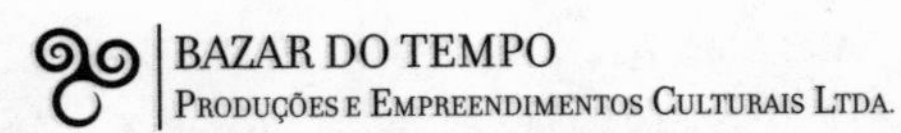

Rua General Dionísio, 53 - Humaitá
22271-050 Rio de Janeiro - RJ
contato@bazardotempo.com.br
www.bazardotempo.com.br

APOIO

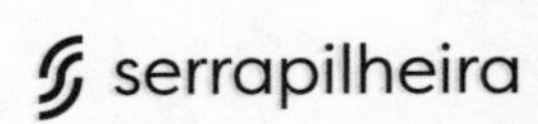

COLEÇÃO DESNATURADAS

A coleção Desnaturadas reúne trabalhos desenvolvidos por mulheres que ousam "desnaturalizar" saberes, relações, corpos e paisagens, fazendo emergir mundos complexos e novas perspectivas. Oriundas de diferentes campos das ciências e das humanidades, essas autoras, já renomadas ou jovens pesquisadoras, abordam alguns dos temas mais urgentes do debate contemporâneo, como a crise ecológica, o lugar das ciências nas sociedades atuais, a coexistência entre verdades e saberes modernos e não modernos e a convivência com seres outros-que-humanos. Desnaturadas constitui uma bibliografia essencial para conhecer o papel das mulheres na construção do conhecimento e nas lutas políticas de reinvenção das relações com e na Terra.

COORDENAÇÃO

Alyne Costa

Fernando Silva e Silva

Este livro foi editado pela Bazar do Tempo em setembro de 2022,
na cidade de São Sebastião do Rio de Janeiro, e impresso
no papel polen bold 90 g/m2 pela gráfica Margraf.
Foram usadas as tipografias Favorit Pro e Bely .